Bauen ist nichts für Feiglinge

Anja Erben

BAUEN IST NICHTS FÜR FEIGLINGE!

ZWISCHEN HANDWERKERCHAOS UND BEHÖRDENWAHNSINN

BeBra Verlag

Die Geschichte von Anja Erben wurde aufgeschrieben von Sebastian Blottner, Autobiografiker bei Rohnstock Biografien, und herausgegeben von Rohnstock Biografien, Berlin. Für den Inhalt zeichnet Anja Erben verantwortlich.

Die Namen aller im Text erwähnten Personen wurden geändert.

INHALT

VORWORT

Dieses Buch erzählt von einem Bauprojekt. Meinem Bauprojekt.

Von Beruf bin ich Ärztin für Innere Medizin. Ich ließ mich in Berlin-Lichtenberg nieder und betrieb dort achtzehn Jahre lang eine Praxis. Als unweit von dieser die Stadt eines Tages ein Grundstück inklusive der darauf befindlichen verfallenen DDR-Kita zum Verkauf anbot, ergriff ich die Gelegenheit beim Schopfe. Ich ließ den verwitterten Kindergarten sanieren und eröffnete schließlich eine Einrichtung für betreutes Wohnen. Das Konzept funktionierte, die Apartments waren stets ausgebucht. Derweil lernte ich meinen jetzigen Mann Hans-Werner kennen. Gemeinsam beschlossen wir, auf der ungenutzten Brache nebenan einen Neubau hochzuziehen, unsere moderne »Einrichtung für Servicewohnen« zu erweitern. Der Bedarf an altersgerechten Wohnformen ist riesig in Berlin.

So wurde ich Bauherrin – und der Irrsinn begann. Hätte ich geahnt, in was ich mich hineinstürze, hätte ich mich wohl kaum darauf eingelassen. In Berlin zu bauen, ist kein Zuckerschlecken. Die Scherereien nahmen kein Ende. Einen Regalmeter nach dem anderen füllten die dicken Aktenordner, in denen ich den Schriftverkehr rund um unsere Baustelle abheftete. Als das Haus stand, waren unsere Energiereserven restlos aufgezehrt. Was waren wir froh, dass wir es ohne Herzinfarkt, Scheidung, Depression oder Burnout überstanden hatten.

Mit dem nötigen Galgenhumor betrachtet, entbehren der bürokratische Irrwitz, dem wir uns ausgesetzt gesehen haben, der bizarre Handwerkerpfusch, die grotesken Anwohnerbeschwerden und die absurden Bauauflagen nicht einer gewissen Komik. Jetzt, da alles vorbei ist, schaue ich mit einem weinenden und einem lachenden Auge zurück. Nachträglich drängte sich der Gedanke auf, einen über weite Strecken unfreiwillig amüsanten Erfahrungsbericht niederzuschreiben und in ein Buch zu bringen.

Es ist eine Chronik, die sich auf viele Arten lesen lässt: als Tagebuch, als kafkaeskes Protokoll, als händeringender Appell an die Politik, als warnende Handreichung für Bauherren. Unerschrockene, die sich in ein ähnliches Vorhaben stürzen möchten, sollten gewappnet sein: Bauen in Berlin ist nichts für Feiglinge!

BAUEN IN BERLIN

In den Startlöchern

Bauen in Berlin! Das klingt nach Errichten, Erweitern, Erschaffen. Doch wie der Herr vor den Erfolg den Schweiß setzte, so die Verwaltung vor das Bauen das Bauamt. Niemand sollte sich Illusionen machen: Bevor in dieser Stadt auf irgendeiner Baustelle der erste Handschlag getan wird, gilt es, einen langwierigen, demütigenden Parcours durch die Amtsstuben zu durchlaufen. Mit seinem Lied »Ein Antrag auf Erteilung eines Antragformulars« nahm Reinhard Mey diesen Wahnsinn schon vor Jahrzehnten auf die Schippe. Am eigenen Leib sollte ich nun erfahren, was er meinte. Denn die feine Ironie des Sängers beschrieb (m)eine bittere Realität.

Ich bin nicht naiv. Mit Ende fünfzig war mir vollkommen klar, dass in deutschen Behörden so manches etwas länger dauern kann. Wie lange genau, überraschte mich aber doch. Dass zwischen unserem ersten Besuch im Bauamt bis zur Erteilung einer Baugenehmigung geschlagene 27 Monate vergehen sollten, wäre mir nicht im Traum eingefallen. Wir planten ja kein zweites Regierungsviertel und schon gar keinen Flughafen.

Doch zum Anfang: Wie war ich überhaupt auf den Gedanken gekommen, ein Betreutes Wohnen aufzuziehen? Wir schrieben das Jahr 2006, als ich eine meiner älteren alleinstehenden Patientinnen nach der Sprechstunde allein nach Hause schickte. Mit schlechtem Gewissen. Wie viele meiner Patienten musste sie sich häufig Insulin spritzen. Obwohl seit vielen Jahren mit der Therapie vertraut, kam sie immer weniger gut damit zurecht. Lange traute ich es ihr nicht mehr zu. Für ein Pflegeheim aber war sie zu fit. In diesem Moment begann ich darüber nachzudenken, welche angemessenen Wohnformen es gab für noch rüstige ältere Menschen mit gewissem Betreuungsbedarf. Ich kannte etliche Pflegeheime von innen. Um es vorsichtig zu formulieren: Meine eigenen Eltern wollte ich dort nicht alt werden sehen. Wie mir das Beispiel meiner Patientin vor Augen führte, gab es ohnehin viele Menschen, die etwas anderes brauchten.

Ich hielt nach Alternativen Ausschau und entdeckte das Konzept des betreuten Wohnens: Einrichtungen mit individuell vermieteten Wohnungen, mit Gemeinschaftsangeboten sowie optionaler Pflege und Essensversorgung. Das Servicewohnen überzeugte mich und ich überlegte, so etwas selbst auf die Beine zu stellen. Der Zufall wollte es, dass sich unverzüglich Gelegenheit dazu bot. Ich lernte Mike kennen, Geschäftsführer einer Hauskrankenpflege, die bereits mehrere Einrichtungen in Lichtenberg betreute. Mike war Ende vierzig und von eher kleiner Statur, was er durch ein großes Ego kompensierte. Er hatte seine Firma aus dem Nichts aufgebaut und besaß die Aura eines erfolgreichen Machers. Seine Pflegedienstmitarbeiter besuchten die Mieter in ihren barrierefreien Einraumapartments, ansonsten genossen die Bewohner ihre individuelle Freiheit. Ihnen standen Gemeinschaftsflächen, vor Ort zubereitetes Essen und eine rund um die Uhr ansprechbare Hauskrankenpflege zur Verfügung.

Das war, wonach ich suchte: ein Arrangement à la »alles kann, nichts muss«.

Meine Arzthelferin war mit einer von Mikes Mitarbeiterinnen befreundet. So kam es, dass er von meinen Plänen erfuhr und mich in meiner Praxis aufsuchte. Just zu dieser Zeit hatte ihm die Stadt Berlin zwei nebeneinander liegende Grundstücke mitten in einem typischen DDR-Neubaugebiet am Rosenfelder Ring in Lichtenberg zum Kauf angeboten. »Beide Grundstücke will ich nicht«, meinte Mike und schlug mir vor, selbst eines zu nehmen: das 3700 Quadratmeter große Gelände eines DDR-Kindergartens. Der stand noch, verfiel aber. Bei der Besichtigung überkam mich ein nostalgisches Gefühl, als ich durch das bemalte Treppenhaus lief und die Reihen kleiner Toiletten und Kinderwaschbecken sah. Schlagartig fühlte ich mich in meine Kindheit zurückversetzt. Am Baumschulenweg hatte ich einen eben solchen Kindergarten besucht und dort eine herrliche Kindheit verlebt. Bis heute erinnere ich mich wärmstens an meine Erzieherin Fräulein Liebscher, eine klasse Frau. Meine Kindergartenjahre waren toll, auch wenn Wessis gern vermuten, wir seien tyrannisiert worden.

Mein Interesse war geweckt. »Zeig mir doch mal den Vertrag«, forderte ich Mike auf und schaute mir die Unterlagen an. Das Angebot war ein Schnäppchen. Ich gab mir einen Ruck und Mike stellte den Kontakt mit dem zuständigen Sachbearbeiter her. Kurzerhand kaufte ich ein Grundstück mitten in Berlin. Völlig blauäugig. Der Kindergarten war seit Jahren außer Betrieb, völlig verwildert und besaß keine einzige Fensterscheibe mehr. Ich verfügte über keinerlei Eigenkapital, hatte stattdessen noch einen Kredit für meine Praxis an der Backe. Dennoch fand sich ein Kreditinstitut, das noch mehr Geld lockermachte. Dort hatte man Erfahrung mit Hauskrankenpflegeeinrichtungen und war überzeugt, dass mein Plan aufgehen würde. »Dit läuft!« Mit diesen Worten wurde mein Kredit durchgewunken, ohne dass ich selbst einen einzigen Pfennig beisteuern musste.

Ich hatte das Glück, an die richtigen Menschen zu geraten. Mikes Bruder nannte ein Bauplanungsunternehmen sein Eigen, in dessen Regie die Entkernung des Kindergartens und der Ausbau von 16 Einraumwohnungen in Angriff genommen wurden. 2007 eröffnete ich tatsächlich eine kleine Einrichtung für betreutes Wohnen. Der Betrieb funktionierte. Wie man es in der Bank vorausgesehen hatte, waren die Apartments schnell ausgebucht. Alles lief wie geschmiert. Ich schaute in zufriedene Gesichter.

»Sollten wir nicht einen Erweiterungsbau planen?«, schlug mein Sohn Robert vor und kam immer wieder darauf zu sprechen. Auch die Banken klopften bei mir an und fassten zusammen: »Das Konzept funktioniert, die Kredite sind günstig, das Grundstück ist toll – wollen Sie nicht noch mehr bauen?« Ich sperrte mich zunächst dagegen, viel zu groß erschienen mir das finanzielle Risiko und der Arbeitsaufwand. Den Kindergarten auszubauen, hatte mir gereicht. Eher wollte ich das gesamte Objekt verkaufen und mir mit dem Geld meinen Ruhestand versüßen. Andererseits hatte sich in meinem Leben etwas geändert. 2011 hatte ich Hans-Werner kennengelernt, ihn 2014 geheiratet und war zu ihm nach Flensburg gezogen. Er kommt aus der Baubranche. Mit seiner Firma hatte er zeitlebens Energiesparhäuser gebaut, schon zu der Zeit, als es noch nicht en vogue war. Hans-Werner hatte Erfahrung, er war ein alter Hase im Baugeschäft.

Nachdem wir Ende 2018 ein kürzlich in Betrieb genommenes Betreutes Wohnen besichtigt hatten, bekam selbst mein Mann noch einmal Lust auf ein solches Projekt. Er war richtig angestachelt. »Wir machen das!«, sagte er zu mir. Und es stimmte: Der Bedarf stieg und die derzeitigen Kreditzinsen luden zum Investieren ein. Da sich der Grundstückswert meiner Einrichtung inzwischen vervielfacht hatte und damit die Sicherheit für die Banken gewachsen war, ließ sich problemlos eine Finanzierung auftun. Von allen Argumenten aber war mein Mann das überzeugendste, sodass ich meine Meinung schließlich änderte. Diesmal würde ich nicht blauäugig Neuland betreten und nicht wieder auf mich allein gestellt sein.

Hans-Werner rechnete aus, wie viel das gesamte Projekt kosten würde. Diese Summe rundete er aufgrund langjähriger Erfahrung spürbar auf, denn Unwägbarkeiten, Preissteigerungen und anderweitige Extrakosten sollten von vornherein einkalkuliert werden. Alles andere käme grober Fahrlässigkeit gleich. Wieder brauchte ich einen Kredit. Der Banktermin hätte günstiger nicht liegen können: Mitten in einer Niedrigzinsphase waren die Zinsen just an jenem Tag am allerniedrigsten. Dass sich Hans-Werner ein halbes Leben lang mit Immobilienfinanzierungen beschäftigt hatte, half natürlich. Er war kein unbekanntes Gesicht. Ich bekam meinen Kredit zu supergünstigen Konditionen und festen Zinsen über dreißig Jahre.

Schwein gehabt. Nun konnte es losgehen.

Audienz bei den Machthabern

Hans-Werner kannte ein Architektur- und Planungsbüro bei Berlin, das uns erste Entwürfe anfertigte. Mit ihnen in der Tasche wurden wir, der Chef des Architekturbüros, mein Mann und ich, am 21. März 2019 im Bauamt vorstellig für ein erstes informelles Gespräch. Bevor wir zum Thema kommen konnten, schlug uns bereits Frust entgegen. Darüber nämlich, dass mir das Grundstück überhaupt gehörte. »Wir hätten es damals gar nicht verkaufen sollen«, wurde mir angesäuert vorgeworfen. Diese Klage sollte ich nicht zum letzten Mal hören. Zu dem paradoxen Tadel fiel mir spontan gar nichts Adäquates ein. »Tut mir leid, dafür kann ich nichts!«, suchte ich die Verteidigung und wusste eigentlich gar nicht, wofür ich da um Entschuldigung bat.

Das folgende Gespräch verlief immerhin recht sachlich. Wir stellten die Grundidee vor: ein Gebäude für betreutes Wohnen mit drei Etagen, 63 Meter lang und 15 Meter breit. Obwohl Klaus Grau, der uns betreuende Sachbearbeiter, bei mir den Eindruck eines freudlosen Aktenwurms hinterließ, schien er unserem Plan durchaus positiv gegenüberzustehen. Er entließ unseren Architekten mit der Aufgabe, zeitnah genaue Bestandspläne und Skizzen anzufertigen und darzulegen, wie sich unser Haus in die Umgebungsbebauung einfügen würde. Kein Problem!

Eine Woche später standen wir erneut auf der Matte. Die gewünschten Aufrisse hatten wir dabei, nicht ahnend, welchen Zündstoff sie enthielten. So wie wir uns den Bau gedacht hatten, ging es plötzlich überhaupt nicht. »Haus Anna«, der zweigeschossige ehemalige DDR-Kindergarten, fiel in die Kategorie Bestandsbau. Ein Neubau daneben durfte keinesfalls höher werden. Dass vis-à-vis ein alles überschattender Elfgeschosser stand, spielte bei den behördlichen Abwägungen zur urbanen Ästhetik keine Rolle. Einwände waren zwecklos, die Ansagen machte Herr Grau auf der anderen Seite des Tisches. »Nicht höher als der Altbau!«, schloss er und lehnte sich zurück. Was aber sollte nun aus der geplanten dritten Etage werden? Für die langfristige Finanzkalkulation machte sie einen Riesenunterschied. Fundament, Aufbauten, Rohre und Elektroleitungen mussten so oder so angelegt werden, egal, ob nun zwei oder fünf Etagen hochgezogen wurden. Die dritte Etage wäre baukostentechnisch »fast umsonst«, wie Hans-Werner es ausdrückte, dafür gäbe es durch sie deutlich mehr vermietbare Wohnungen. Ein Umstand, dem die kreditgebende Bank beträchtliche Bedeutung beimaß.

Wir sahen eine Chance, die dritte Etage zu retten. Ein Lichtblick tat sich auf: Es gab auf dem Grundstück ein Gefälle von gut zwei Metern. Angesichts der Abschüssigkeit ließen sich nach einigen Anpassungen drei Etagen planen, ohne die vorgeschriebene Höhe zu überschreiten. Glücklich, eine Lösung gefunden zu haben, eilten wir abermals ins Bauamt. Dort nahm Herr Grau unsere Idee zur Kenntnis, stellte einen Bescheid aber hintan, um die Sache mit seinem Vorgesetzten zu besprechen.

Derweil konkretisierten wir unsere Baupläne – und konnten uns reichlich Zeit lassen. Wer denkt, es dauere lange, einen Termin bei seinem Facharzt zu bekommen, war garantiert noch nie im Bauamt. Je öfter ich im Zuge unseres Vorhabens einen Fuß in deutsche Behörden setzte, desto paradiesischer erschienen mir die viel kritisierten Zustände unseres Gesundheitssystems. Das kannte ich als

Ärztin in- und auswendig. Gibt es nicht einen Terminservice der kassenärztlichen Vereinigung, der die Wartezeit für Patienten auf maximal vier Wochen begrenzt? Noch häufiger sollte ich davon träumen, derlei Dienstleistungen gäbe es im öffentlichen Dienst. Doch das blieb ein entrücktes Gedankenspiel. Bevor Herr Schüttel-Gründermann, der besagte Vorgesetzte und Abteilungsleiter, die Zeit fand, abschließende Details mit uns persönlich zu beratschlagen, gingen geschlagene drei Monate ins Land. Dennoch trafen wir im Juni 2019 hochmotiviert in seinem Büro ein. Im Gegensatz zu seinem aktenstaubcharmeversprühenden Untergebenen war der Abteilungsleiter eine respekteinflößende Erscheinung. Von imposanter Statur, 1,90 Meter groß, breitschultrig, selbstbewusst. Offensichtlich war er es gewohnt, Ansagen zu machen. Eine Attitüde, die ich in Zukunft in vollen Zügen würde genießen dürfen.

Dieser dritte Gesprächstermin brachte eine Überraschung. Die Höhe des Neubaus war plötzlich überhaupt kein Thema mehr, dem Projekt stand nun etwas ganz anderes im Wege. Erstens: der Grüncharakter. Er schien Herrn Schüttel-Grüdermann besonders schützenswert. Offensichtlich fiel mir jetzt auf die Füße, dass ich einen Teil des riesigen Grundstücks hatte verwildern lassen. Auf der zu bebauenden Fläche wuchsen zahlreiche große Sträucher und Bäume wild durcheinander. Das sei erhaltenswert, hieß es. Mein Versprechen, gefällte Bäume und beseitigte Sträucher durch Neupflanzungen zu ersetzen, stieß auf taube Ohren. Als zweiter Punkt machte Herrn Schüttel-Grüdermann die Bauflucht zu schaffen. Auf der Baulinie, auf der wir uns zu bauen anschickten, stand bisher nichts. Die Entstehung einer neuen Hausfront parallel zur Hauptstraße war skandalös genug, um Schüttel-Grüdermanns erbitterten Widerstand zu wecken. So etwas sollte es mit ihm nicht geben. Dass nebenan auf eben jener Baulinie ein neuer Schulbau in Planung war, ließ er gewissenhaft außen vor.

Das war nicht die letzte unerwartete Volte. Als wir das vierte Mal im Bauamt aufschlugen, war vom Grüncharakter plötzlich keine Rede mehr, sondern erneut die Höhe des geplanten Baus ein Problem. Es ließ sich langsam nicht mehr übersehen: Es ging den Verantwortlichen, die sich nach wie vor ärgerten, das Grundstück überhaupt verkauft zu haben, weder um Sträucher noch um Baufronten. Es ging ihnen einzig und allein darum, den Neubau zu verhindern. Konsequenterweise wollte sich beim fünften Gespräch niemand mehr an unser Anliegen erinnern, ganz so, als wären wir überhaupt nie dagewesen! Nicht der Chef, nicht sein mickriger Untergebener. Protokolle habe niemand geführt, hieß es. Ich stellte mir kurz die Zelle vor, in der ich mein Leben fristen müsste, würde ich als Ärztin so arbeiten. Nichts wurde mir je nachdrücklicher eingetrichtert als das: jeden einzelnen Behandlungsschritt zu dokumentieren. Sollten jemals Anwälte auf der Matte stehen, ohne dass ich begründen und nachweisen könnte, wann genau und warum ich welche Therapie und Medikamente angeordnet hatte – ich hätte schlechte Karten.

Angst vor möglichen Konsequenzen der eigenen Schlamperei und Apathie quälte im Bauamt allerdings niemanden. Angeblich gab es keine Aufzeichnungen. Nichts. »Aber wir, wir haben Mitschriften, die wir Ihnen vorlegen können«, versuchten wir unsere eigenen Gesprächsprotokolle ins Spiel zu bringen. Die Antwort von Herrn Schüttel-Gründermann? »Das interessiert mich nicht.« Wo kämen wir hin, wenn nichtamtlichen Protokollen x-beliebiger Antragsteller Glauben geschenkt würde?

Wir waren völlig perplex. Erst während des folgenden Gesprächs kristallisierte sich die Ursache der vorgetäuschten Amnesie heraus. Durch die Blume ließ Herr Schüttel-Gründermann durchblicken, dass er aus stadtplanerischen Gründen schlicht und einfach von Anfang an gegen den Bau gewesen war. Auch die zehnte Bauplankorrektur konnte daran nichts ändern. Scheinheilig gab er mir mit auf den Weg, mich doch an die Politik zu wenden, sollte ich die Sache tatsächlich durchziehen und »das Ding« bauen wollen. Allzu deutlich stand ihm die Überzeugung ins Gesicht geschrieben, dass sich das Projekt damit ein für alle Mal erledigt hatte.

Dass ich den Fehdehandschuh, den Herr Schüttel-Gründermann mir hingeworfen hatte, aufnehmen und seinem Rat postwendend folgen würde, ahnte er mit Sicherheit nicht. Doch ich lasse mich äußerst ungern derart von oben herab behandeln. Kleinbeizugeben hat mir noch nie gelegen. Mein Kampfgeist war geweckt. Sollte Herr Schüttel-Gründermann eine Methode gesucht haben, mich zur Hochform auflaufen zu lassen, dann hatte er sie gefunden. Jetzt erst recht!, dachte ich mir.

Bauausschuss, die Erste

Voller Zorn verließen wir das Bauamt. Ich war entschlossen, auf der Stelle die damalige stellvertretende Bezirksbürgermeisterin von Lichtenberg anzurufen. Als SPD-Bezirksstadträtin war sie für die Stadtplanung zuständig, Mitglied im Ausschuss für ökologische Stadtentwicklung und somit Vorgesetzte von Herrn Schüttel-Gründermann. Eine freundliche Sekretärin nahm meinen Anruf entgegen. Ich stellte mich vor und schilderte meine Schwierigkeiten. Prompt holte sie den Terminkalender heraus. »Wissen Sie was, kommen Sie morgen vorbei!«, lud sie mich ein. Quasi in die Notfallsprechstunde.

Keine zwanzig Stunden nach der Abfuhr im Bauamt tanzten mein Mann, der leitende Architekt und ich im Rathaus an. Gerade noch rechtzeitig, um die stellvertretende Bezirksbügermeisterin mit Herrn Schüttel-Gründermann im Schlepptau aus einem Besprechungszimmer kommen zu sehen. Vermutlich hatte sie ihn vorgeladen und ihm den Kopf geradegerückt. Er schaute griesgrämig drein und wirkte weit weniger großkotzig als am Tag zuvor. Mehr als ein gezwungenes »Guten Morgen« bekam er nicht heraus. Meine spitze Bemerkung, so schnell sehe man sich wieder, ignorierte er geflissentlich. Er schien ungehalten über meine Intervention auf politischer Ebene, auch wenn er selbst den Ausschlag dafür gegeben hatte.

Nun erklärten wir der stellvertretenden Bezirksbürgermeisterin unser Konzept und legten dar, warum dessen Verwirklichung in einem überalterten Bezirk wie Lichtenberg sinnvoll sei. Es stellte sich heraus, dass sie just in jenem Wohngebiet, in dem sich früher meine Praxis befunden hatte, jahrelang den Kieztreff geleitet hatte. Ich hatte dort medizinische Vorträge gehalten und eine Zeitlang Treffen für Angehörige von Wachkomapatienten organisiert und betreut. Die Bezirksstadträtin kannte mich daher von Weitem. Sie sei absolut auf unserer Seite, sagte sie, und wolle das Projekt positiv begleiten. Sie schlug vor, es im Bauausschuss des Stadtbezirks vorzustellen, der einmal im Monat tage. In diesem säßen Vertreter aller Parteien, die sollten sich ein Bild machen. Dann müsse man weitersehen.

Bessere Freunde wurden Herr Schüttel-Gründermann und ich dadurch definitiv nicht, das sollte ich noch zu spüren bekommen. Doch immerhin ging es in die nächste Runde, in den Bauausschuss. Nun kam mir zugute, dass ich im Kiez achtzehn Jahre lang eine Arztpraxis betrieben hatte. Die eine oder andere Lokalprominenz kannte ich aus diesem Zusammenhang persönlich. Unter anderem hatte ich über Jahre den Mann einer Lichtenberger Bundestagsabgeordneten behandelt, das Paar war häufig in meiner Praxis gewesen. Sie war von der Linken und Lichtenberg wurde von einer rot-roten Koalition unter linker Führung regiert. An sie wollte ich mich ebenfalls wenden. Einen Versuch war es wert. Kaum zu Hause angekommen, schrieb ich der Abgeordneten einen Brief. Ich kannte die private Adresse des Paares und warf ihn höchstpersönlich in den Briefkasten.

Ich traf auf offene Ohren und erhielt kurz darauf Antwort. Die Abgeordnete vermittelte mich an den Vorsitzenden des ökologischen Bauausschusses in Lichtenberg Jochen Haltmann von der Linken sowie an das Ausschussmitglied Marlis Mutig. Mein unmittelbarer Kontaktmann wurde Anton Löwenstein ein engagierter junger Mann, ebenfalls im Ausschuss und von der Linken. Löwenstein sollte mir in den kommenden zwei Jahren noch des Öfteren eine Hilfe sein. Er hatte Ahnung vom Bauen und war unserem Vorhaben gegenüber wohlgesonnen – eine Kombination mit Seltenheitswert. Ich setzte ihn zu den Details ins Bild und bekam im November 2019 meinen Auftritt im Ausschuss, nur einige Monate vor dem ersten Lockdown der aufziehenden Coronapandemie.

Die Sitzung fand im Rathaus Lichtenberg statt, in einem Raum, der einer ehrwürdigen alten Schulaula glich. Die Tische für die Abgeordneten waren in U-Form aufgestellt. Ihnen gegenüber hatten rund zehn antragstellende Parteien Platz genommen, darunter unser Dreiergespann. Unser Projekt war der fünfte von acht Tagesordnungspunkten, mir blieb also ausreichend Zeit, sämtliche Ausschussmitglieder eingehend zu mustern. Mit Ausnahme von Herrn Schüttel-Gründermann wirkten sie allesamt recht sympathisch. Das ließ mich hoffen. Zum x-ten Mal stellten wir unser Bauprojekt vor. Eigentlich war ich es gewohnt, vor Publikum zu sprechen – im Laufe der Zeit hatte ich häufig Vorträge vor Kollegen oder medizinischem Personal gehalten –, trotzdem war ich so aufgeregt wie selten. Es ging um viel.

Das Ergebnis war äußerst erfreulich. Nachdem wir abschließend die Fragen der Bezirksverordneten beantwortet hatten, gab es keinerlei Einwände. Parteiübergreifend und einstimmig befürwortete der Ausschuss unser Bauvorhaben und beschloss, es positiv zu begleiten. Ans federführende Bauamt erging der Auftrag, alles Nötige in die Wege zu leiten. Ein Erfolg auf ganzer Linie.

Herr Schüttel-Gründermann zog ein langes Gesicht. Doch das war mir egal, Hauptsache, wir konnten endlich loslegen. Mit dem Rückenwind vom Bauausschuss stürzten wir uns von Baulastenauskunft bis Brandschutzkonzept erneut in die Vorarbeiten. Es gab wieder eine Perspektive. Wir würden einen Bauantrag stellen und irgendwann musste dessen Genehmigung eintrudeln. Dann könnten die Bauarbeiten beginnen. Wir hatten es geschafft! Dachten wir.

Ansporn

Sofort und unmittelbar nach der Entscheidung im Bauausschuss konnten wir den Bauantrag nicht einreichen. Herr Schüttel-Gründermann trug uns stattdessen auf, zunächst einen öffentlichen Infotag in unserem Bestandsbau abzuhalten. Wir sollten die Nachbarschaft über unsere Absichten informieren und auf das Geplante vorbereiten – die Leute abholen, wie es hieß. Da wir zügig weiterkommen wollten, verloren wir keine Zeit und bereiteten die Veranstaltung vor. Wir fertigten Modelle an. Wir erstellten eine Powerpoint-Präsentation. Wir warfen rund anderthalbtausend Flyer in die Briefkästen der Umgebung und verschickten Einladungen an die Mitglieder des Bauausschusses. Natürlich erhielt auch der uns so wenig gewogene Abteilungsleiter Schüttel-Gründermann Post von uns.

Im Februar 2020 fand der Infotag statt. In einem großen Partyzelt, das wir auf die Terrasse vor den Bestandsbau gestellt hatten. Es war zugig und kalt. Schweinekalt. Dennoch fanden sich gut 200 neugierige Bewohner aus den umliegenden Neubauten ein. Wir servierten jede Menge heißen Kaffee und Tee. Teilweise führten wir fünf Gespräche parallel. Viele der Interessenten wohnten seit über 50 Jahren im Wohngebiet. Sie waren hier alt geworden und wollten bis zum Ende im Kiez bleiben. Knapp 30 Besucher bekundeten, nach Fertigstellung des Hauses bei uns einziehen zu wollen. Das spornte uns an.

Auch einige meiner ehemaligen Patienten traf ich bei dieser Gelegenheit wieder. Eine doppelte Freude. Dankenswerterweise war mit Herrn Haltmann und Frau Mutig auch Mitglieder des Bauausschusses vertreten. Wer an diesem

Tag, an dem wir unsere Auflage so gewissenhaft erfüllten, allerdings fehlte, war unser verehrter Ansprechpartner im Bauamt, Herr Schüttel-Gründermann. Wir hatten wahrscheinlich zu viel erwartet. Schließlich war Wochenende.

Kampfmittelfrei

Wir hatten unsere Pflicht erfüllt. Nach einigen Mails und Telefonaten mit dem Bauamt erhielt ich am 18. Februar 2020 endlich die Freigabe: die Erlaubnis, einen Bauantrag einzureichen. Nicht zu verwechseln mit dem Akt des tatsächlichen Einreichens. »Freigabe« klang gut. Harmlos. Bedeutete aber, dass eine Menge Arbeit vor uns lag. Ich erwähnte bereits Reinhard Meys Song »Ein Antrag auf Erteilung eines Antragformulars«. Spätestens ab jetzt wurde ich diesen Ohrwurm nicht mehr los.

Im Zuge eines einreichungswürdigen Bauantrags war zunächst das »Formular 1« für ein vereinfachtes Baugenehmigungsverfahren beizubringen – kein Scherz, wir durchliefen tatsächlich das vereinfachte Verfahren. Unendlich viele Grundrisse und Zeichnungen, insbesondere zu Abstellräumen, Spielplatz, Rollator- und Fahrradstellplätzen wurden gefordert. Das »Formular 170« zur Beschreibung der Maßnahmen des barrierefreien Bauens war sieben Seiten lang, die Flächenberechnung nach Wohnflächenverordnung bereits 25 Seiten. Baumfäll- und Entwässerungsanträge mussten gestellt, Gutachten zu Brandschutz und zu Baugrundbeschaffenheit eingeholt, die Statik berechnet werden. Zudem brauchten die Behörden detaillierte Lagepläne, Angaben zum Rauminhalt des gesamten Gebäudes nach DIN 277 und zur Erfüllung des Erneuerbare-Wärme-Gesetzes. Um förderfähig im Sinne der Energieeffizienz zu werden, mussten wir einen Energieberater hinzuziehen, der Berechnungen zur notwendigen Dämmung an Boden, Dach, Fassade, Fenstern und Türen, zur Heizungsanlage und zu zukünftigen Photovoltaikanlagen anstellte. Allein der Energieberater kostete uns einen hohen fünfstelligen Betrag, auch deshalb, weil er im Nachgang sämtliche Material- und Handwerkerrechnungen auf Förderfähigkeit hin kontrollieren musste. Darüber hinaus galt es, eine Zufahrt zu planen, einen Eigentümernachweis zu führen und eine Nutzungsberechnung anzustellen, in der detailliert das Verhältnis der bebauten Fläche und sämtlicher Geschossgrundflächen zur Grundstücksgröße dargelegt wurde. All diese Daten dienen dem Bauamt nicht zuletzt als Grundlage für die Festsetzung der saftigen Gebühren, die Bauherren zu zahlen verpflichtet sind – umsonst losbauen darf in Deutschland nämlich niemand.

Und so weiter und so fort. Ich erhebe an dieser Stelle keinerlei Anspruch auf Verständlich- oder gar Vollständigkeit. Auf Wunsch des Architekten musste unter anderem ein Bombensuchkommando aufmarschieren. Luftaufnahmen aus der Zeit kurz nach dem Zweiten Weltkrieg zeigten auf dem Grenzstreifen unseres Grundstücks einen Bombenkrater. Zur Sicherheit sollten wir deswegen die Kampfmittelfreiheit des Baugrunds feststellen. Ungünstig war, dass sich an dieser Stelle bis in die Fünfzigerjahre eine Kleingartenanlage befunden hatte. Um den Kindergarten zu bauen, war sie anscheinend einfach plattgewalzt worden. Es fand sich jedenfalls jede Menge Schutt im Untergrund. Die Metalldetektoren der Bombensucher piepten ohne Unterlass. Überall. Das war nicht zielführend. Die probeweise Ausschachtung eines begrenzten Areals brachte ein altes Gartentor, Blechkannen, Kessel und diverse alte Wasserleitungen zum Vorschein. All dies ließ die Detektoren anschlagen.

Die Kampfmittelexperten waren ratlos. Da sie mit ihren Metalldetektoren nicht weiterkamen, machten sie uns einen generösen Vorschlag: »Wir könnten Ihnen während der Bauphase jemanden zur Seite stellen, der beim Baggern jede einzelne Schaufelfüllung durchguckt und schaut, ob eine Bombe drin ist.« Ein wirklich freundliches Angebot. Es hatte nur leider einen riesigen Haken: Ich hätte den Gucker bezahlen müssen, für jede einzelne Baggerschaufelfüllung. Während der gesamten Bauphase auf eigene Kosten einen ausgebildeten Kampfmittelexperten neben dem Bagger stehen lassen? »Nein danke«, lehnte ich ab. »Uns wird die ganze Sache schon nicht um die Ohren fliegen.« Glücklicherweise behielt ich recht. Nach und nach buddelten wir das komplette Grundstück um, ohne von einer Bombe zerfetzt zu werden.

Bauausschuss, die Zweite

Die Vorarbeit war getan. Wir hatten unseren Bauantrag fertiggestellt und im September 2020 endlich eingereicht. Nun warteten wir, dass er abgesegnet wurde. Die Bauvorbereitungen liefen auf Hochtouren. Wir führten Gespräche mit Maurern, Elektrikern und Rohrlegern, besuchten den Fertigbadhersteller, hielten Ausschau nach einem Statiker. Wir blieben guten Mutes, obwohl die Genehmigung des Bauantrags auf sich warten ließ. Anfang Dezember 2020 war sie noch immer nicht da. Stattdessen kam eine Nachricht auf WhatsApp. Als ich sie las, kippte ich beinahe aus den Latschen.

Ein Nachbar, der regelmäßig die Bauausschusssitzungen des Bezirks besuchte, schrieb mir. Er war uns wohlgesonnen und wir hatten uns schon zweimal getroffen. »Gestern war wieder Ihr Projekt dran«, teilte er mir mit. Ich fiel aus allen Wolken. Wir wussten von nichts, niemand hatte uns Bescheid gegeben oder eingeladen. Wieso sprach der Bauausschuss erneut über uns, ein Jahr nachdem alles einstimmig abgenickt worden war? Ich rief Herrn Haltmann an und erkundigte mich. »Ja, stimmt«, sagte er und verriet mir, dass von Seiten des Bauamts erneut Zweifel an der Genehmigungsfähigkeit meines Antrags geäußert worden seien. Mit genau denselben Argumenten, die wir ein Jahr zuvor entkräftet hatten.

Ich war fassungslos. Ich hatte den Bauausschuss für eine Art Fallkonferenz gehalten, wie unter Medizinern üblich, um herausfordernde Krankenfälle durchzusprechen. Dabei kommen Fachärzte unterschiedlicher Spezialisierung zusammen. Einigen sie sich kraft ihrer gemeinsamen Kompetenz auf einen Therapieplan, dann gilt er selbstverständlich und wird umgesetzt. Niemand käme auf die Idee, den Fall eines Patienten neu aufzurollen, ohne dass sich am Befund etwas geändert hätte. So verliert man doch nur Zeit!

Eine Antragstellerin wie ich war allerdings nicht krank. Leider. Wo der an den hippokratischen Eid gebundene Arzt das Wohl seiner Patienten im Auge hat, ruhte auf mir nur der abschätzige Blick eines so anmaßenden wie unwilligen Staatsdieners. Ich glaubte kaum, welche Macht ein Behördenschnösel wie Schüttel-Gründermann ausüben konnte. Er gab nicht auf. Unter dem Vorwand, noch einmal ein »ermutigendes Signal von der Politik« zu benötigen, hatte er die Sache erneut aufs Tapet gehoben. Offensichtlich in der Hoffnung, das Projekt doch noch beerdigen zu können.

Nicht nur ich war überrascht. Wie ich erfuhr, hatten auch etliche Ausschussmitglieder ihre Verwunderung geäußert, da doch längst ein einstimmiger Beschluss vorlag. Herr Schüttel-Gründermann war jedoch unnachgiebig geblieben und hatte auf eine Wiedervorlage bestanden. Der Ausschuss widmete sich der Angelegenheit zum Glück nicht unverzüglich, sondern vertagte sie auf die nächste Sitzung im Januar. Wer weiß, wie die Sache ausgegangen wäre, hätte ich nicht zufällig davon erfahren. Das Weihnachtsfest war mir gründlich vermiest. Bis Januar hing ich in der Luft. Sollte doch noch alles scheitern und all die Arbeit umsonst gewesen sein? An den nennenswerten Geldbetrag, den Hans-Werner und ich bereits versenkt hatten, durfte ich gar nicht denken.

Geschlagen gab ich mich aber nicht. Noch hatte Herr Schüttel-Gründermann nicht gewonnen. Da ich nun im Bilde war, klinkte ich mich in die angekündigte Sitzung ein. Es war der 7. Januar 2021. Seit neun Monaten hatte die Coronapandemie das Land im Griff. Videokonferenzen waren normal geworden. Ich konnte der Sitzung von zu Hause aus beiwohnen. Unser Infotag lag nun fast ein Jahr zurück. Nichtsdestotrotz konnten sich die damals anwesenden Ausschussmitglieder gut erinnern und die Lage vor Ort hervorragend einschätzen. Diesmal entkräfteten sie sämtliche Einwände Schüttel-Gründermanns mit mir gemeinsam.

Zum zweiten Mal erbrachte die abschließende Abstimmung ein einstimmiges Votum für unser Vorhaben. Herr Schüttel-Gründermann musste endgültig kleinbeigegeben. Leider konnte ich sein Gesicht nicht sehen in dem Moment, in dem ihm unmissverständlich beigebracht wurde, dass er das Verfahren positiv zu begleiten habe. Trotzdem vergingen noch einmal Monate, bevor unser Bauantrag durch war. Erst im Juli 2021 sollten wir die Genehmigung unwiderruflich in Händen halten. So weit war es im Moment der zweiten Abstimmung im Lichtenberger Rathaus aber noch nicht. Der Sommer stand erst bevor und das Hochgefühl ob der abermals positiven Entscheidung im Bauausschuss währte nur kurz. Dem erfreulichen Votum der Ausschussmitglieder folgte noch am selben Tag ein unerwarteter Tiefschlag aus ganz anderer Richtung.

Vitamin B

»Unter Beachtung des Umfanges der Umlegungsarbeiten und des damit verbundenen Planungsaufwandes ist eine Ausführung in 2021 nicht mehr realistisch. Da Fernwärmeanlagen, die der überörtlichen Versorgung dienen, nur außerhalb der Heizperiode außer Betrieb genommen werden können, kann der Abschluss der Umlegung frühestens für den Sommer 2022 eingetaktet werden.« Dieses Schreiben vom Fernwärmeanbieter erreichte uns just an jenem 7. Januar 2021, an dem der Bauausschuss zum zweiten Mal grünes Licht gab. Ausführung dieses Jahr nicht mehr realistisch? Für den Sommer 2022 eintakten? Frühestens?!? Was hatte das zu bedeuten?

Der Hintergrund war folgender: Es liefen Fernwärmeleitungen über das Baugrundstück, sogenannte Fremdleitungen. Im Gegensatz zum Grundstück gehörten sie mir nicht, im Grundbuch aber waren »Leitungsrecht und Dienstbarkeit« verbrieft. Da Fernwärmeleitungen nicht unter Fundamenten verlaufen dürfen, konnte ich in diesem Bereich nicht einfach bauen. Mit unserem Neubau wäre dieser Fall jedoch eingetreten. Um den Gesetzesverstoß zu vermeiden, musste die Trasse zunächst umgelegt werden. Selbstverständlich auf meine Kosten.

Nun war es nicht so, dass wir von alldem nichts gewusst hatten. Unser Planungsbüro hatte diesbezüglich acht Monate zuvor Kontakt zum Fernwärmeanbieter aufgenommen und einen Antrag auf Trassenverlegung gestellt. »Wir haben niemanden, der das planen kann«, wurde uns mitgeteilt. »Umbauten dieser Art werden außerdem nur von Mai bis September realisiert, wenn niemand heizt. Vor Ende des nächsten Jahres wird das nichts«, so die Einschätzung des dortigen Mitarbeiters. Das wäre 2022 gewesen und hätte bedeutet, dass sich unsere Bauzeit um mindestens ein Jahr verlängern würde, weil beim Versorger kein Personal aufzutreiben war. Selbst einen Termin im Jahr 2022 versah das Unternehmen inzwischen mit dem Zusatz »frühestens«. Es handelte sich also um eine optimistische Prognose. Das ließ mich annehmen, dass es vermutlich länger dauern würde.

Ein Jahr Verzögerung hätte uns angesichts der stetig steigenden Bau- und Kreditkosten rund 300.000 Euro gekostet, zusätzlich zu einer knappen Viertelmillion an Verlegungskosten. Ich war nicht bereit, so viel Geld aus dem Fenster zu werfen. So schwierig konnte das doch nicht sein. Wir beschlossen, uns selbst um die Verlegung der Trasse zu kümmern. Mit Erfolg. Unser Architekturbüro fand einen Fachmann, der bereit war, die vorbereitenden Planungen durchzuführen. Dieser wiederum fand eine Tiefbaufirma, die für 2021 noch freie Kapazitäten hatte und obendrein – was genauso wichtig war! – zu den von dem Fernwärmeanbieter für solche Arbeiten zugelassenen Firmen zählte. Damit hatten wir dem trägen Riesen den größten Teil der Arbeit abgenommen. Das Auftragsvolumen lag sogar unter der Grenze, die eine europaweite Ausschreibung nötig gemacht hätte. Ein Damoklesschwert, das bis dahin über uns gehangen hatte. Das sparte zusätzlich Zeit. Es fühlte sich an, als würden wir auf die Zielgerade einbiegen. Wir schrieben April 2021.

Doch je größer die Firma, desto träger die Bürokratie. Ich kannte das von der Arbeit in einem großen Krankenhaus. Bekam ich als niedergelassene Ärztin die Anschaffung eines kleinen, nicht sehr teuren neuen medizinischen Geräts in meiner Praxis innerhalb von Tagen über die Bühne, nahm derselbe Vorgang im Krankenhaus Monate in Anspruch, weil stets diverse Abteilungen mitreden mussten. All unsere Bemühungen für den Bau der Senioreneinrichtung ließen die Schreibtischhengste beim Fernwärmeanbieter gleichgültig bis unbeeindruckt. An dem einmal ins Auge gefassten Zeitplan konnte oder wollte man nicht mehr rütteln. Obwohl wir eine Firma gefunden hatten, die in den Startlöchern stand! Den Startschuss jedoch konnte nur der Versorger geben. Uns waren die Hände gebunden, weil die Leitungen dessen Eigentum waren. Nur das Unternehmen selbst durfte die Trassenverlegung beauftragen und beaufsichtigen. Also stand die Bauverzögerung um ein geschlagenes Jahr weiterhin im Raum.

Das wollte ich keinesfalls riskieren. In solchen Gemengelagen kann ich ungemein kreativ werden. Ich begann, sämtliche Bekannte und Freunde abzuklappern, um herauszufinden, ob irgendwer jemanden bei diesem Fernwärmeanbieter kannte. Große Chancen rechnete ich mir allerdings nicht aus. Doch ich hatte Glück: Der Nachbar der Schwiegermutter meines Sohnes war tatsächlich dort Abteilungsleiter. Ein charmanter junger Mann, den ich umgehend kontaktierte. Er leitete zwar nicht die für uns zuständige Abteilung, kannte aber den betreffenden Kollegen und vermittelte uns formlos an den richtigen Mann. Der zog ein paar Strippen und siehe da: Wie durch ein Wunder ging alles plötzlich ganz schnell. Die Fernwärmeleitungen sollten schon 2021 verlegt werden. Anfang Mai unterschrieben wir den Vertrag. Eine Menge Ärger und der kostenintensive Aufschub blieben uns erspart.

Ich bin nicht gläubig, aber ich danke dem lieben Gott trotzdem, dass er uns diesen Nachbarn gesandt hat. Es bewahrheitete sich einmal mehr: Beziehungen schaden nur dem, der keine hat.

Brutzeit

Selbstverständlich erwartete der Fernwärmeversorger Baufreiheit, damit im Juli der Bautrupp anrücken konnte. Es gab also bereits vor Vertragsunterzeichnung eine Menge zu tun auf meinem naturbelassenen Grundstück, welches so wunderschön verwildert war, dass sein Grüncharakter im Bauamt jedermann das Herz hatte aufgehen lassen. Überall standen Bäume und Büsche im Weg. Wir wiegten uns jedoch in Gewissheit, die Beräumung bis Mai problemlos zu bewältigen.

»Moment!«, durchfuhr es Hans-Werner eines Tages, als er den Bauzeitplan durchging. »So lange haben wir nicht! In Berlin dürfen Bäume nur bis zum 28. Februar gefällt werden. Danach beginnt die Brutzeit.« Es war Ende Januar. Uns blieben nur wenige Wochen. Mit einem Mal wurde der Druck riesig. Würden die Bäume am 1. März noch stehen, hätte sich die Fernwärmetrassenverlegung erledigt und wir würden doch ein Jahr warten müssen. Vor meinem inneren Auge sah ich, wie man sich beim Versorger die Hände rieb.

Die Anträge auf Baumfällung waren bereits im Oktober des vergangenen Jahres rausgegangen. Was fehlte, war die Genehmigung. Diesmal bekamen wir es mit dem Grünflächenamt zu tun, in Gestalt von Frau Lehmann. Unser Gartenprofi Herr Blume, der sich häufig stellvertretend mit ihr herumschlug, nannte sie gern den »Methusalem des Grünflächenamts«. Wie der Spitzname vermuten ließ, kannte er die Frau Lehmann schon seit vielen Jahren und war leidgeprüft. Ihr Auftreten umriss er in dem einfachen und an den französischen Sonnenkönig Louis XIV. erinnernden Satz: »Das Amt bin ich.«

Vorbeugend stimmte uns Herr Blume auf ihren Kampf um die Erhaltung jedes einzelnen Baumes ein, den sie so borniert führte, dass sie das eigentliche Ziel nicht selten aus den Augen verlor. Frau Lehmann war bekannt dafür, dringend notwendige pragmatische Entscheidungen zu verhindern, sachlichen Argumenten gegenüber nicht zugänglich zu sein und völlig unfähig darin, sich veränderten Bedingungen anzupassen. Viele ihrer Entscheidungen wurden, wie auch in unserem Fall, von Vorgesetzten kassiert. Bis es jedoch so weit war, hingen Antragsteller, besser: Bittsteller, in den Seilen.

Für die nötigen Absprachen war sie zu allem Übel äußerst schwer zu erreichen. Generell glich der geglückte Aufbau eines Kontakts einem Sechser im Lotto. Unser Fällantrag versauerte seit Monaten, weil unsere Ansprechpartnerin dauerkrank war. Ich jedoch benötigte dringend eine Entscheidung. Immer wieder rief ich beim Grünflächenamt an, doch es nahm fast nie jemand ab. Nur jeder x-te Anruf wurde überhaupt entgegengenommen, dank der Covid-Lockdowns bestenfalls jeden zweiten Tag. Ich aber arbeitete Vollzeit. Von 7.30 bis 13.30 Uhr und von 15 bis 18 Uhr hatte ich Sprechstunde und behandelte pausenlos Patienten. Die Schreibarbeit erledigte ich in der Mittagspause und am Abend. Die praxisfreien Mittwoch- und Freitagnachmittage impfte ich gegen Corona oder schob Dienst in einer Krankenhausnotfallpraxis. Nur in den seltensten Fällen war gerade Sprechzeit im Grünflächenamt, wenn ich einmal eine freie Minute fand.

Trotzdem kam ich irgendwann durch: »Was ist los, woran hapert es? Der Antrag ist seit Monaten raus, was können wir tun?« Ich bettelte und fühlte mich wie einer dieser Patienten, die – vorzugsweise ohne Krankenkassenkarte in der

Tasche und auf den letzten Drücker – in meiner Praxis auftauchten und auf der Stelle ein neues Rezept verlangten, da sie ihr letztes Insulin bereits verbraucht hatten. »Wenn ich nicht sofort mein Rezept bekomme, bin ich morgen tot und Sie sind Schuld!« In solchen Fällen emotionaler Erpressung blieb mir nichts anderes übrig, als mich dem Druck zu beugen und das medizinisch Notwendige zu liefern.

Als Bauherrin schwebte ich momentan zwar nicht in Lebensgefahr, konnte im Grünflächenamt aber einen vergleichbaren Eindruck hinterlassen. Womöglich war es gar eine glückliche Fügung, dass Frau Lehmann gerade mehrere Wochen krank war. An ihrer Stelle überrumpelte ich eine vergleichsweise tatkräftige Vertreterin und nahm die Frau so lange in die Mangel, bis sie die Arbeit ihrer Kollegin zu erledigen versprach. Umgehend. Beziehungsweise fast sofort.

Zwei Tage später stand sie auf unserem Gelände. Man sah ihr den Herzschmerz an, mit dem sie die vorab gekennzeichneten Bäume zur Abholzung freigab und unwiderruflich aus dem offiziellen Bestand tilgte. Jeden Baum verabschiedete sie einzeln. Immerhin war sie einsichtig und fügte sich in die Notwendigkeit. Unser Architekturbüro machte eine Baumfällfirma ausfindig, die auf unseren Zuruf wartete. Der Countdown lief. Unsere Nerven lagen blank. Am 24. Februar 2021 kam kurz vor knapp die Genehmigung. Vier Tage später war die Vogel-Deadline. Der 28. Februar war ein lärmfreier Sonntag – fälltechnisch dasselbe wie Brutzeit. Damit blieben uns zwei Tage. Am liebsten hätte ich mir selbst eine Kettensäge geschnappt. Doch der Baumfäller beruhigte uns: »Ick hol dit allet in zwee Tage runter, keen Problem!« Gott sei Dank hielt er Wort. Dennoch kostete mich die Aktion jede Menge Nerven. Mir graut heute noch, wenn ich daran denke.

Man muss kein Ornithologe oder dem Grünflächenamt zugetan sein, um sich gegen die Fällung heimischer Laubbäume auszusprechen. Auch von einigen Nachbarn hagelte es Kritik am Kahlschlag. Plötzlich war der Blick frei. Das Grundstück wirkte nun doppelt so groß. Binnen zwei Tagen lagen sämtliche Bäume und Sträucher flach. Nicht gestapelt. Nicht abtransportiert. Aber sie lagen. Die Brutzeit konnte kommen, auch wenn sich die Vögel für ihr Fortpflanzungsprozedere jetzt woanders umschauen mussten. Zum Glück hatten sie es nicht weit. Nebenan bot sich für den Nestbau eine große Parkanlage mit alten Bäumen an. Dennoch gelobte ich, schon in zwei Jahren wieder genügend Bäume und Brutplätze auf meinem Grundstück vorzuhalten. Und ich sollte mein Versprechen einlösen.

Hauruckaktionen wie die Baumfällung blieben typisch für die Baustelle. War ein Problem gelöst, ergab sich das nächste. Wir hechelten ständig hinterher. Frau Lehmann war übrigens zwei Jahre später immer noch krank. Oder schon wieder. Inzwischen warteten wir auf die Nachpflanzungsgenehmigung. Doch niemand bearbeitete irgendwas. Alles blieb liegen. Bezüglich der Ersatzpflanzungen hatten wir überlegt, bei den Bäumen etwas Abwechslung in Form und Farbe anzustreben. Unsere Wahl war auf Japanische Zierkirschen und wunderschön blühende Kugelrobinien gefallen. Solche Bäume fielen nicht vom Himmel, sie mussten in der Baumschule bestellt werden. Nur Frau Lehmann war für eine Abstimmung wieder einmal nicht zu erreichen, weder telefonisch noch per E-Mail. Eine automatische Nachricht informierte uns sage und schreibe sechs Wochen lang darüber, dass ihre elektronische Korrespondenz nicht gelesen, beantwortet oder bearbeitet werde. Später erfuhren wir, dass unsere Ansprechpartnerin einerseits krank und andererseits im Urlaub gewesen sei. Auf wundersame Weise war beides nahtlos ineinander übergegangen.

Wir jedoch hatten keine sechs Wochen Zeit und bestellten bei der Baumschule kurzerhand unsere Zierkirschen und Kugelrobinien. Das erzürnte Frau Lehmann, als sie irgendwann wieder im Büro erschien. Eigenmächtiges Handeln wurde uns vorgeworfen. Anliegen wie die Adaptation an den Klimawandel oder eine größere Diversität der Pflanzungen konnten sie nicht milde stimmen. Ihren besonderen Ärger erregte der Stammumfang unserer Zierkirschen, der lediglich 14 bis 16 Zentimeter betrug. Gefordert waren 18 bis 20 Zentimeter. So dicke Zierkirschen waren allerdings gar nicht erhältlich gewesen. Zum Ausgleich dafür hatten wir eine größere als die geforderte Anzahl anderer Baumarten mit Stammumfängen von 18 bis 25 Zentimetern gepflanzt und damit mehr als ein Äquivalent der fehlenden Zierkirschenzentimeter in den Garten gesetzt. Diese Arithmetik allerdings überstieg die Toleranzgrenze von Frau Lehmann, falls sie überhaupt eine hatte. Unsere Zierkirschen wurden nicht in die amtliche Endabrechnung einbezogen, die gefällte gegen neu gepflanzte Bäume aufrechnete.

Immerhin standen die hübschen Bäume jetzt in unserem Garten und Herr Blume tröstete uns damit, dass er in den Jahren seiner peinigenden »Zusammenarbeit« mit Frau Lehmann viele noch weitaus schlimmere Kämpfe als unsere hatte ausfechten müssen. Wir hatten also noch Glück gehabt. Mit einer Mischung aus Konsterniertheit und Galgenhumor erinnerte ich mich daran, wie ich Frau Lehmann nach wiederholter wochenlanger Krankheit zufällig einmal erreichte und mir folgenden Satz anhören durfte: »Da werde ich wohl doch noch einmal die alten Mails lesen müssen …« Ja, dachte, aber sagte ich nicht, alte Mails lesen. Genau das musste sie wohl, wenn sie nur alle paar Monate zum Dienst erschien. Würden wir Ärzte so arbeiten, bräuchten wir neben jeder Praxis einen eigenen Friedhof – für all die Patienten, die es während unserer flexiblen Abwesenheit nicht geschafft hatten.

Erdbebensicher

Gottlob, die Bäume waren gefällt. Im Juli 2021 begann der Fernwärmeanbieter, seine Leitung zu verlegen. Im September waren die Arbeiten abgeschlossen, pünktlich vor Beginn der neuen Heizperiode. Nebenbei wurde mein Bestandsbau, der ehemalige Kindergarten, jetzt ans Fernwärmenetz angeschlossen. Kein unwichtiges Detail, denn das qualifizierte uns für die höchstmögliche Förderung durch die KfW-Bank, weil die Fernwärme zu mindestens 60 Prozent aus erneuerbaren Energien stammte.

Voller Vorfreude schauten wir dem nächsten Jahr entgegen. 2022 stand die Grundsteinlegung an. Im Frühjahr wurde das Fundament gegossen. Die Bodenplatte und alle weiteren Aufbauten plante Frau Hansen eine kompetente und verlässliche Statikerin aus Hamburg, die alles säuberlich berechnete und freigab. Doch die Arbeit nur einer Fachkraft reichte offensichtlich nicht. Keine Ahnung, ob es in irgendeinem anderen Land ein vergleichbares Gesetz gibt. Hierzulande jedenfalls gilt das Motto: doppelt hält besser. Die Arbeit jedes Statikers hat ein weiterer Statiker zu prüfen, nämlich der behördlich anerkannte Prüfstatiker. Angehörige dieser Berufsgruppe zählen zu den gefragtesten Leuten im Baugewerbe. Wer einen findet, kann sich glücklich schätzen.

Nachdem zwei infrage kommende Kandidaten wegen Arbeitsüberlastung abgewinkt hatten, zog unser Architekt ein Ass aus dem Ärmel, indem er die Visitenkarte eines Prüfstatikers auf den Tisch legte. Tatsächlich hatten wir bei Herrn Bramme Glück. Zumindest hielten wir es für Glück, als er zusagte. Leider prüfte Herr Bramme Betonplatten und Wände wie die unseren nach eigener Aussage zum ersten

Mal. Warum muss ein Statiker ohne Erfahrung die Arbeit einer Statikerin mit Erfahrung überprüfen? Die Frage lag auf der Hand. Doch wir liefen bei der Suche nach Antwort Gefahr, uns mit abseitigen Themen wie Logik und auf Nebenschauplätzen wie dem gesunden Menschenverstand zu verzetteln. Dafür war keine Zeit. Vorschrift ist Vorschrift.

Harr Bramme ging seine Aufgabe überaus pedantisch an. Die Tiefbaufirma hatte fürs Fundament alles ausgeschachtet und bereits Stahlmatten verlegt. »So geht das gar nicht«, beschwerte sich unser Experte, »da müssen viel mehr Stahlmatten rein!« Die Kollegen begannen von vorn und verlegten ein so engmaschiges Stahlgeflecht, dass der Tiefbauer drohte, bald passe kein Zement mehr dazwischen. Das aber war erst der Anfang. Auf das Fundament mussten die Wände gestellt werden. Bereits im Juli 2021 hatte Frau Hansen aus Hamburg auf rund 300 Seiten berechnet, welche Kräfte auf Wände, Decken und Pfeiler wirken würden. Daraus ergaben sich Rundstahlstücklisten, wie viele Stahlmatten oder welche Betonarten für den Bau zu verwenden seien. Das alles war hinfällig, nachdem sich Herr Bramme aus Berlin die Unterlagen zur Brust genommen hatte. Offensichtlich hatte Frau Hansen auf ganzer Linie versagt und uns in ein wackliges Kartenhaus einziehen lassen wollen – anders wusste ich die Interventionen unseres Prüfstatikers nicht zu deuten. Herr Bramme begann alles von vorn zu rechnen, anscheinend mit ganz anderen Zahlen und Gleichungen und folglich völlig neuen Ergebnissen.

Er arbeitete so gewissenhaft, dass er nichts von E-Mails hielt und Änderungen an den Plänen nur auf dem Postweg entgegenzunehmen bereit war. War das Stahlgeflecht akkurat gebogen? Ließ es sich vorschriftsmäßig verbinden?

Stimmte der Durchmesser der Stahlstäbe? Jede einzelne Wand unterzog Herr Bramme einer erschöpfenden Überprüfung. Das zog sich von März bis Juli 2022 hin. Exakt ein Jahr war vergangen, seit Frau Hansen ihre Arbeit erledigt hatte. Unterdessen wuchs der Zeitdruck. Schließlich war bereits Sommer, das Betonwerk musste seine Produktionszyklen planen und brauchte einen gewissen Vorlauf. Den Bramme´schen Vorgaben gemäß musste Frau Hansen sämtliche Pläne umarbeiten. Täglich lagen wir ihm in den Ohren, damit er wieder ein paar Wände freigab. Ich musste mich bei unseren Telefonaten mächtig zusammenreißen, denn Herr Bramme konnte schnell stinkig werden, wenn ich zu viel Druck aufbaute. Das wiederum konnten wir gar nicht gebrauchen. Bei jeder einzelnen Platte brach uns der Angstschweiß aus, weil wir befürchteten, irgendetwas könnte Herrn Bramme missfallen. Selbst nichttragende, also tragwerksirrelevante Wände unterzog er einer peniblen Untersuchung. Dadurch stockte der Bau weiterhin. Ich entdeckte einen Schlupfwinkel und strich die Prüfung der nichttragenden Wände kurzerhand aus seinem Auftrag. »Die brauchen Sie sich nicht anzuschauen!«, war ich froh, ihm mitteilen zu können. Er war irritiert, aber dennoch beschäftigt.

Um unseren Bewohnern später bei gemeinsamen Aktivitäten genug Freiraum zu gewähren, planten wir einen 300 Quadratmeter großen Aufenthaltsraum, den Frau Hansen mit einer Spezialdecke überspannen wollte. Auch das erschien Herrn Bramme zu gewagt, weshalb er zusätzliche Säulen einziehen ließ. Im übrigen Haus verlangte er Wand für Wand mehr und mehr Stahl, was mehr und mehr Euro nach sich zog. Die Baukosten erhöhten sich um geschlagene 100.000 Euro. »Wir verbauen rund 100 Tonnen Stahl!«, rechnete Hans-Werner aus und zog die Stirn in Falten. »Sollte sich in Lichtenberg einmal ein furchtbares Erdbeben ereignen und ringsum alles einstürzen, bleibt unser Haus garantiert stehen. Es ist absolut erdbebensicher«, schloss er.

Diese Sicherheit hat natürlich ihren Preis. Die Stahlwände schirmen unsere Bewohner heute so gut gegen die Außenwelt ab, dass sie mit einer Zimmerantenne nicht fernsehen können. Streckenweise haben wir kein Handynetz. Im Haus mit dem Smartphone zu telefonieren, ist eine wahre Herausforderung. Bilder lassen sich kaum anbringen, denn zwischen all dem Stahlgeflecht findet sich nur sporadisch Platz für einen Dübel. Zwischen den Fenstern wölben sich Vorsprünge aus den Wänden, weil zusätzliche Stahlsäulen verbaut werden mussten. Inzwischen versuche ich, es mit Humor zu nehmen. Einfach nur Wände hat schließlich jeder. Wir haben einen Bunker!

Herr Bramme hatte nicht nur Sicherheitsfragen bezüglich künftiger Katastrophen im Auge. Ebenso beflissen bedachte er den Arbeitsschutz im Hier und Jetzt. Wer möchte schon eine fünf Meter breite und drei Meter hohe Betonwand auf den Kopf bekommen? So war unser eifriger Prüfstatiker schon mit den Maßen der Wände nicht einverstanden, bevor sie überhaupt geliefert wurden. Wir hatten vorgefertigte Wandelemente bei einer Fima bestellt, die solche Teile seit DDR-Zeiten produzierte. Fehlende Routine im Plattenbau durfte angesichts dieser Vorgeschichte niemand unterstellen – hätte man meinen können. Herr Bramme allerdings entdeckte skandalöse Sicherheitsrisiken.

Die riesigen Wandelemente werden mit Ankern versehen, mittels derer sie an einen Kran gehängt und in die Höhe gehoben werden. Anders wären sie kaum zu bewegen. In über 40 Jahren hat sich diese Methode bewährt. Noch kein einziges Mal ist eine Wand heruntergefallen. Kein einziges Mal. Nie. Es gab weder Todesfälle noch Unfallopfer. Unser Prüfstatiker jedoch war ob der Transportvariante entsetzt. »So geht das nicht«, rief er, »so dürfen die Wände das Werk nicht verlassen! So werden die nicht an einen Kran gehängt!« Seiner Meinung nach waren die Anker inadäquat. Er verlangte, sie umgehend auszutauschen. Dass nur 20 Prozent der den Ankern zumutbaren Zuglast ausgereizt wurden, half nichts. Offiziell waren sie für die Wände nicht zugelassen. Die Firma verließ sich dennoch auf das erprobte Verfahren. Offensichtlich hatte bisher jeder Prüfstatiker genügend Spielraum gesehen, ihre Produkte abzunehmen. »Die machen das seit 40 Jahren so!«, trötete ich ins Telefon. »Das kann ja sein«, schallte es von Herrn Bramme zurück. »Aber wollen Sie wirklich die Erste sein, bei der ein Unfall passiert?«

Gegen diese Logik ist mensch machtlos. Wäre ich Patientin und der Statiker Arzt gewesen, hätte ich auf eine Zweitmeinung bestanden. Auf deutschen Amtswegen jedoch gibt es keinen derartigen Abzweig. Das Amt prüft, darf aber selbst nicht geprüft werden. Niemand in unseren Behörden würde sich jemals dem Risiko und der Mühe aussetzen, herauszufinden, ob Kollegen möglicherweise falschliegen. Niemand kümmert sich um die Arbeit des anderen. Kontrolle: Fehlanzeige. Korrekturen: ausgeschlossen.

Mehr als einmal verteuerte sich unser Bau durch behördliche Eingleisigkeit und dieses Szenario drohte nun erneut. Allen Ernstes sprach Herr Bramme einen Lieferstopp für unsere Wandelemente aus. Ein Riesenproblem. Die eingeplante Produktionszeit lief ab. »Wir kriegen das wirklich kaum noch hin«, warnte das Betonwerk. Ohne Freigabe drohte unsere Charge mindestens auf den Herbst verschoben zu werden. Jeden Tag rief ich Herrn Bramme an, bombardierte ihn förmlich. Allmählich wurde er biestig und schaltete auf stur. Es war belastend. Nach langem zähem Kampf, vielen Spontanänderungen und auf den allerletzten Drücker bekamen wir schließlich alle Wandelemente. Mit ihren Ankern baumelten sie am Kran und wurden bei uns in Lichtenberg auf die Erde abgesenkt. Später erfuhr ich, dass die von Herrn Bramme erzwungene Mehrarbeit jegliche Gewinnmarge des Hamburger Statikbüros eliminiert hatte. Frau Hansen verdiente rein gar nichts mehr an dem Auftrag. Wir dagegen waren wieder einmal mit den Nerven am Ende. Unseren mit Engelsgeduld gesegneten Kontaktmann im Betonwerk hatten wir dermaßen auf Trab gehalten, dass er nun urlaubsreif war. Gesundgestoßen hatte sich nur einer: Herr Bramme.

Erneut hatten wir eine langwierige Bauverzögerung inklusive Rattenschwanz abgewendet, der unweigerlich daran gehangen hätte. Besondere Sorge bereiteten uns während dieser Hängepartie die 68 Fertigbäder, die in die Wohnungen und in die Nähe des Aufenthaltsraums eingebaut werden sollten. Längst standen sie versandfertig beim Hersteller, einer hocheffizient arbeitenden Firma, die auf jeden unserer Wünsche eingegangen war. Es handelte sich um komplette Module, in denen von der Toilette bis zum Spiegel, vom Wandschrank bis zu den Fliesen, von der ebenerdigen Dusche bis zu den Wasser- und Elektroanschlüssen alles fix und fertig montiert ist. Selbst seniorenfreundliche Haltegriffe waren an Dusche und WC angebracht.

Die 2,50 x 2,50 x 2,50 Meter großen Bäder wogen anderthalb Tonnen und wurden in Folie eingewickelt geliefert. Ihr

Einbau war minutiös auf den avisierten Bauzeitplan abgestimmt. Sobald die Wände eines Stockwerks standen, mussten sie an ihren Platz. Die Firma arbeitete etagenweise und stellte die Badezimmerwürfel jeweils auf, bevor die Decke obendrauf kam und das nächste Geschoss in Angriff genommen wurde. Der Zeitplan für Bäder und Wände musste gut koordiniert sein. Niemand möchte 68 Fertigbäder auf der Baustelle rumstehen haben, von denen keiner weiß, wann sie verbaut werden können.

Sowohl die Betonfirma als auch der Fertigbadhersteller arbeiteten fantastisch. Alles klappte. Alles funktionierte reibungslos. Wir machten zur Abwechslung einmal ausgesprochen positive Erfahrungen, begriffen aber aufs Neue: Es reicht ein schwaches Glied, damit die Kette reißt. Mit einem übereifrigen Prüfstatiker konnte der gesamten Bauablauf auf dem Spiel stehen. Warum wir so hart kämpfen mussten, damit er ein jahrzehntelang erprobtes Konstruktionssystem akzeptierte, verstehe ich bis heute nicht. Im Nachhinein erfuhr ich, dass wir beileibe nicht die Einzigen sind, denen es so erging. »Solche Deppen von Prüfstatikern sind keine Seltenheit«, erklärte mir eine Insiderin. »Aber der war wirklich besonders schlimm.«

Herr Bramme versieht seinen Dienst inzwischen in einem Brandenburger Bauamt. Ob er freiwillig auf diesen Posten gelangte, ist fraglich.

Ich und mein Diesel

Um die Wände aufzustellen und alle Fertigbäder einzukranen, musste ein stabiler Kran her. Der benötigt Strom. Genauer gesagt: Baustrom, der nicht aus x-beliebigen Steckdosen kommt. Baustrom muss extra bestellt und über eine eigens installierte Leitung bezogen werden. Beim zuständigen Netzbetreiber beantragten wir deshalb beizeiten einen Baustromanschluss. Doch bei diesem »zuverlässigen und serviceorientierten Netzbetreiber mit hohem Qualitätsanspruch«, wie es auf der Internetseite der Firma hieß, mahlten die Mühlen quälend langsam. Monate gingen ins Land, summierten sich zu einem Jahr, läpperten sich immer weiter. Jedes Mal, wenn ich die Hotline anrief, hieß es lapidar: »Wir können Ihnen nichts versprechen, Ihnen noch nichts sagen und vorziehen können wir Sie auch nicht.« Eine Sonderbehandlung kam gar nicht infrage, so dringend mein Anliegen auch sein mochte. Akut oder nicht – beim Netzbetreiber lief alles schön der Reihe nach. Ungefähr so, als wenn ein Chirurg das Hühnerauge von Frau Meier vor dem geplatzten Blinddarm von Herrn Schmidt behandeln würde, einfach weil Frau Meier eher in die Klinik gehumpelt ist als der gebeugte Herr Schmidt. Wer zuerst kommt, wird zuerst behandelt. Das gäbe bestimmt eine brauchbare Schlagzeile in der *Bild*-Zeitung ab. Unser Baustromdilemma hingegen interessierte niemanden.

Törichterweise hatten wir die Baustromwartezeit nicht in Jahren bemessen, sondern waren hoffnungsfroh von ein paar Wochen, höchstens von wenigen Monaten ausgegangen. Unser Kran war längst angeliefert und lag in Einzelteilen bereit. Die eindeutig günstigste Standposition war vom Amt nicht genehmigt worden, weshalb er weit entfernt vom eigentlichen Baugeschehen aufgebaut werden sollte. Um den angrenzenden Elfgeschosser nicht zu touchieren und unzähligen Familien das heimelige Heim wegzureißen, brauchte unser Kran nun einen besonders langen Schwenkarm, um überhaupt noch von Nutzen zu sein. Der Kran würde den Elfgeschosser bei Weitem überragen und die Bauteile über eine nicht geringe Distanz, über Wohnungen, Köpfe, Fahrzeuge und Bäume hinweg zu unserer Baustelle schwenken. Eindrücklich, aber unumgänglich.

Wir benötigten jedenfalls Strom, um den Kran aufzubauen und in Betrieb zu nehmen. Der Kran wurde von derselben Firma gestellt, die die Betonwände lieferte, zunächst um den Rohbau zu errichten und um dann die Fertigbäder in die Geschosse hineinzuheben. Alle Bauteile waren pünktlich vor Ort. Würden die Bäder nicht bald am vorgesehenen Platz eingekrant, kämen etliche nachfolgende Gewerke und Arbeiten in massiven Verzug. Dank Herrn Bramme fehlte uns beim Rohbau inzwischen jeder Puffer. Bekämen wir nicht umgehend Baustrom für den Kran, drohte unser kompletter Zeitplan zu kippen und sich um geschlagene sieben Monate nach hinten zu verschieben. Von den in die Höhe schießenden Kosten ganz zu schweigen.

Ich versuchte es mit einem letzten verzweifelten Anruf, bekam aber nur die übliche Abfuhr: »Das interessiert uns nicht. Sie sind noch nicht dran.« Wir bekamen vom Netzbetreiber schlicht keinen Strom. »Wir besorgen dir einfach einen Generator«, schlugen die Tiefbauer vor. Das war die rettende Idee. Unbürokratisch und schnell trieben sie über einen befreundeten Bauunternehmer einen riesigen Dieselgenerator auf, sodass der Kran aufgebaut werden konnte. Billig war der Spaß nicht. Baustrom wäre deutlich günstiger gewesen. Der Generator schluckte den Diesel schneller als ein Traktor. Die Anwohner kostete er überdies eine Menge Nerven. Kaum lief das Gerät, bekamen wir Beschwerden wegen Lärmbelästigung. Der Generator brummte aufdringlich. Besser als ein Totalstillstand war die Dieselvariante aber allemal. Und außerdem, so glaubte ich zu diesem Zeitpunkt noch, handelte es sich ohnehin nur um eine Übergangslösung.

Als der Kran bereits zwei, drei Wochen in Arbeit war, meldete sich der Netzbetreiber. »Wir würden Ihnen jetzt Baustrom liefern«, hieß es fast gönnerhaft. Sieh an, dachte ich, es geschehen noch Zeichen und Wunder! Doch ich freute mich zu früh. Ganz so einfach war es nämlich nicht. »Das nächste Trafohäuschen liegt an der B1«, schüttete die freundliche Anruferin sogleich Wasser in meinen Wein. Ich lief die Strecke im Geiste ab. Die vielbefahrene Bundesstraße 1 liegt ein ganzes Stück entfernt von meinem Grundstück. Starkstromleitungen werden zudem selten in Luftlinie verlegt, erst recht nicht, wenn ein Hochhaus im Weg steht. Konkret hätte eine nahezu einen Kilometer lange provisorische Hochleitung installiert und über die gesamte Strecke eine Gerüstkonstruktion mit Traversen errichtet werden müssen. Nur so wäre der plötzlich freigegebene Baustrom tatsächlich bei uns angekommen. Selbstverständlich wären die Kosten für diese kapitale Stromtrasse an mir hängengeblieben. Ich konnte also auch weiterhin Diesel bestellen, dämmerte es mir nach Abwägung weniger Vor- und zahlreicher Nachteile. »Wir lassen das mit dem Baustrom«, entschied ich. Stattdessen behielten wir unseren laut brummenden, dieselverschlingenden und anwohnerunfreundlichen Generator und harrten aus.

Gas, Wasser, Porsche

Wir hielten durch. Wahrscheinlich, weil wir nicht ahnten, dass das Schlimmste noch vor uns lag. Im Juli 2022 stand der Rohbau. Im August wurden Gerüste gestellt. Die Dämmverkleidung wurde an der Fassade angebracht. Gleichzeitig fiel der Startschuss für die am Innenausbau beteiligten Gewerke: Trockenbauer, Rohrleger, Elektriker und Maler. Umso mehr von ihnen auftauchten, desto mehr graue Haare wuchsen uns. Von nun an wurde es erst richtig unschön.

Bereits im Oktober klagten die Elektriker über kalte Finger. »Wir brauchen unbedingt eine Heizung hier drin, sonst ziehen wir ab«, musste ich mir anhören. Offiziell begründeten sie die Notwendigkeit einer Heizung damit, dass Drähte zu brechen drohten. Anscheinend hielten moderne Elektrokabel keine Temperaturen unter zwanzig Grad Celsius aus. Wir hatten keine andere Wahl, als ein riesiges Heizluftrohr zu verlegen und abermals eine Menge Diesel zu verfeuern. Es gelang uns freilich, den Ansprüchen der Handwerker gerecht zu werden: Zufrieden zogen sie ihre Pullover aus und arbeiteten im T-Shirt weiter.

Schlimmer lief es mit der Sanitärfirma, einem riesigen Unternehmen, das von Sanitär- und Heizungsinstallation über Rohrsanierung bis hin zu Abwasseranlagen für alles Mögliche zuständig war. Zornesfalten verdankten wir diesen Leuten lange bevor sie überhaupt auf der Baustelle auftauchten: Die Tiefbauer, die unser Fundament herstellten, hatten von den Sanitärleuten vorab die Leitungspläne des Gebäudes verlangt. Damit planten sie, wo genau welche Löcher für Abwasserleitungen ins Fundament kamen. Als das Fundament samt der vielen Stahlmatten, auf die unser Herr

Bramme bestanden hatte, gelegt wurde, fiel Hans-Werner bei einer unserer regelmäßigen Baustellenbesichtigungen auf: »Da fehlt doch ein Loch fürs Abflussrohr in der Küche!« Ein wahrer Fauxpas. Die sogenannten Sanitärprofis hatten die Küche nicht mitgeplant. Wäre das meinem Mann nicht aufgefallen, hätte es kein Abflussrohr gegeben, oder anders formuliert: keine Küche im Betreuten Wohnen.

Heute klingen die vollmundigen Versprechen auf der Firmenwebseite wie Hohn in meinen Ohren: »An erster Stelle steht bei uns der Kunde«, »Respekt ist unsere Devise« und so weiter und so fort. Ich persönlich erlebte beim Eigentümer, bei den Abteilungsleitern und ausführenden Handwerkern von Anfang an nur Armleuchter. Mehr als einmal musste ich die Kommunikation nach wenigen Sätzen neu justieren: »Wissen Sie was? Wir fangen das Gespräch einfach noch mal von vorne an, und zwar in einem anderen Ton.« Manchmal kam ich mir tatsächlich vor wie eine Kindergärtnerin.

Vollmundig hatte Olaf, Leiter der Abteilung Heizung Wochen vor Baubeginn eine Baustellenbesichtigung angekündigt. Als er zwei Tage vor Arbeitsbeginn endlich auftauchte, motzte er direkt los. Es gehe nicht an, dass seine Leute während der Essenszeiten nicht im Altbaukeller bohren dürften. »Niemand hat uns gesagt, dass der Bau nicht leer ist. Das geht so nicht!« Ich atmete tief durch. »Doch«, brachte ich hervor, »denn dies hier ist ein in Betrieb befindliches Betreutes Wohnen und ich werde wegen Ihnen ganz bestimmt keine Senioren rauswerfen. Übrigens müssen Sie nach der Arbeit auch ein bisschen saubermachen.« Damit schlug ich dem Fass nun offensichtlich den Boden aus. »Zu Hause habe ich eine Putzfrau!«, gab mein Gegenüber entrüstet zurück. »Die können Sie gern täglich auf Ihre Kosten vorbeischicken«, entgegnete ich, »ansonsten interessiert mich überhaupt nicht, was Sie zu Hause haben!« Damit war die Debatte für mich beendet. Ich hatte genug davon, mich auf diesem Niveau auseinandersetzen zu müssen.

Martin der Chef der Firma fuhr gewöhnlich im Porsche vor. In Klamotten, für die ein durchschnittliches Monatsgehalt bei Weitem nicht ausreichte. Einen besonderen Blickfang boten aus dem feinen Leder seiner Schuhe ragende Schmucknagelreihen. Mir persönlich liegt nichts an Statussymbolen, doch ich bin nicht missgünstig und gönne jedem seine Schickimickischuhe oder Luxusautos. Wer Porsche braucht, soll Porsche fahren. Leider war unser Sanitärboss geradezu die Karikatur eines Porschefahrers und besaß genau die Persönlichkeit, die das Klischee befürchten lässt. Ein Ausbund an Arroganz. Seine Selbstherrlichkeit verursachte mir regelmäßig schlechte Laune. Fehler gingen grundsätzlich nicht auf seine bzw. die Kappe seiner Firma. Ließen sich Fehlhandlungen nicht mehr bestreiten, war Martin umgehend mit ebenso teuren wie unpraktischen Lösungsvorschlägen zur Stelle. Da vergessen worden war, in der Küche eine Rohrbelüftung zu installieren, empfahl er, einfach ein zusätzliches Rohr unter der Decke zu montieren. Dafür hätten mehrere Kernbohrungen gemacht werden müssen und sicherlich hätte seine Firma gut daran verdient. Das hätte ihm womöglich ein paar neue Schuhe beschert. Glücklicherweise fanden wir heraus, dass es auch ein simples Schnüffelstück tat, das schon in alten *Werner*-Filmen seinen prominenten Auftritt hatte. Leider wurde das Ventil erst eingebaut, nachdem die erste große Überschwemmung in der Küche angerichtet worden war.

Das war der Chef. Am anderen Ende der Sanitärbefehlskette war man mit Rücksichtnahme oder gar Höflichkeit ebenso wenig vertraut. Es war beeindruckend, wozu diese sogenannten Fachleute im Stande waren. Rohrleitungen, die unter der Decke des Aufenthaltsraums verlaufen mussten, lagen bei einer ersten Kontrolle an der völlig falschen Stelle. Bei der zweiten Kontrolle wiederum lagen sie zu tief, sodass die gesetzlich vorgeschriebene Raumhöhe nicht eingehalten wurde. Nachdem auch dies korrigiert werden musste, hingen immer noch zwei Absperrventile verkehrt. Eine eingehende Prüfung ergab, dass sie ohnehin nicht gebraucht wurden. Sie konnten wieder abmontiert werden.

Eines Tages brachen die Experten unsere 68 Bäder auf. Die voll ausgestatteten Fertigbäder waren mit einer Tür und einem Schloss versehen. Das sollte sicherstellen, dass während der Bauzeit kein Schindluder getrieben wurde. Nur dann übernahm der Hersteller die Gewährleistung. Die Leute der Sanitärfirma sahen sich jedoch genötigt, einen »Test« durchzuführen. Sie wollten schauen, ob die Leitungen dicht waren. Anstatt sich vorher mit uns in Verbindung zu setzen, öffneten sie auf eigene Faust gewaltsam sämtliche Bäder. Alle. Unsere Architektin entdeckte das Desaster als Erste. Nur dank schier grenzenloser Kulanz der Herstellerfirma erlosch die Gewährleistung nicht. Die Badfirma stellte uns noch nicht einmal den Schaden an den Bautüren in Rechnung, die üblicherweise zurückgeschickt und erneut benutzt werden.

Da die Bäder nun offenstanden, luden sie fortan zur Benutzung ein. In jedes dritte Bad wurde hineingepinkelt oder -gesch… Selbstverständlich gab es draußen im Garten eine Bautoilette, doch niemand machte sich noch die Mühe, sie aufzusuchen. Mein Protest fruchtete nicht. Wiederverschließen ließen sich die Türen nicht, da die Schlösser samt ihrer Befestigung abgeschlagen worden waren. Baumüll sammelte sich in den Bädern an, feinster Schleifstaub saß in jeder Fuge, Fußabtritte ließen auf grobe Männerschuhe schließen. Die Waschbecken versifften. Zurückblieb eine einzige Sauerei. Es war schwer zu ertragen. Ich schwankte zwischen Hysterie und Mutlosigkeit und konnte am Ende noch froh sein, dass nicht jedes zweite Bad demoliert war. Noch bei einer sehr viel späteren Wohnungsübergabe sollten in einem der Badschränke volle Whiskey-Cola-Dosen zum Vorschein kommen, die dort gebunkert worden waren. Wie viele davon mochten die Handwerkerkehlen hinuntergeflossen sein? Welchen Promillepegel hatte es gebraucht, damit den Herren die Arbeit leicht genug von der Hand ging?

Putzen durfte ich. Kein grundsätzliches Problem für mich, ich wusste, wie das geht. Ordentlich zu wischen, hatte ich als Krankenschwester gelernt. Mir machten nicht einmal die 2500 Quadratmeter unseres Neubaus Angst. Ich wischte an Wochenenden und nahm mir sogar einmal Urlaub dafür. Für die langen Flure besorgte ich mir eine Wischmaschine. Doch für die Wohnungen und Bäder war sie schlichtweg ungeeignet. Da war traditionelles Putzhandwerk gefragt.

Ich war mir nicht zu fein für diese Arbeit, sinnloses Extraputzen hätte ich mir dennoch gern erspart. Die Gewerke verursachten ständig neuen Schmutz, weil es ihnen entweder egal war oder sie planlos herumpfuschten. Eines Tages wischte ich zum dritten Mal eigenhändig alles durch. Ich war gerade unten angekommen und völlig fertig. In zerrissenen Jeans und mit dem Feudel in der Hand stand ich da, die Schweißperlen liefen mir die Stirn herunter. Da sah ich einen dieser Sanitärfuzzis mit seinen dreckigen Schuhen abermals durch jedes einzelne Bad tapern und überall das Wasser aufdrehen. »Kann ich Ihnen irgendwie helfen?«, fragte ich mit schweißverschmiertem Gesicht. »Sie? Ganz sicher nicht.« Sprach's und verschwand im nächsten Bad. Offensichtlich hielt er mich für eine ordinäre Putzfrau und seiner Beachtung für unwürdig. Doch selbst wenn ich die Putzfrau gewesen wäre: Was erdreistete sich dieser Mensch, andere so zu behandeln? Als er herauskam, fauchte ich ihn an: »Ich glaube schon, dass ich Ihnen helfen kann. Mir gehört nämlich dieses Haus. Wenn Sie so freundlich wären, mir zu erklären, was Sie hier tun?« – »Ick mach nur n bisschen Wasser an«, gab er kleinlaut zurück. »Zum Testen.« – »Und Ihre dreckigen Füße?« Verständnislos glotzte er mich an und marschierte kurzerhand ins nächste Bad. »Man muss arrogant sein, um bei dieser Firma angestellt zu werden«, erklärte ich der Malermeisterin, die den Wortwechsel zufällig mitverfolgt hatte und mich betreten ansah. Die bittere Bemerkung zeitigte indes unerwartete Folgen, ja, es geschah ein Wunder! Mein Zynismus hatte unsere Fachkraft offenbar nachdenklich gemacht, denn anstatt das nächste saubere Bad zu verwüsten, erkundigte er sich nach einem Wischlappen und beseitigte seine Spuren ab sofort selbst. Schlagartig verbesserte sich unser Verhältnis.

Ärzten wird häufig vorgeworfen, herablassend zu sein. Sicherlich gibt es in unserer Zunft überhebliche Kollegen. Wie überall. Ich aber muss festhalten: Die Arroganz, die uns Ärzten gern unterstellt wird, die lernte ich erst so richtig auf der Baustelle kennen, bei Handwerkern wie diesem und seinen Chefs. Zur allgemeinen Grobheit der Sanitärleute kam hinzu, dass in dieser Firma die rechte Hand nie wusste, was die linke tat. Theoretisch und vertraglich geregelt bekamen wir sämtliche Fachleistungen aus einer Hand. Praktisch aber gab es kaum interne Kommunikation in der Firma. Wenn es doch Absprachen gab, waren sie schwammig und unverständlich. Als ein fehlender Wanddurchbruch die Installation der Heizungsanlage unmöglich zu machen drohte, kulminierte dies in gegenseitigen kafkaesken Schuldzuweisungen.

Der Versorger hatte uns inzwischen den Fernwärmeanschluss gelegt. Für Rohre, Technik und Installationen im Haus war nun unsere Sanitärfirma zuständig. Bei sich bietender Gelegenheit muteten wir ihr gegen gute Bezahlung zu, neben dem Neubau auch den Bestandsbau, »Haus Anna«, an die Fernwärme anzuschließen. Eine schreckliche Überforderung, wie sich herausstellen sollte. Irgendwer war für die Leitung vom Altbau zum Neubau eingeteilt, jemand anderes für den Neubau selbst. Wie sich leicht erraten lässt, stieß die nötige Rohrleitung zwischen Alt- und Neubau auf ihrem Weg irgendwann auf eine Wand, einmal von außen, einmal von innen.

»Und wat machen wa jetze hier?«, fragte mich der Altbaubeauftragte verdutzt, den die Affäre an die Grenzen seiner intellektuellen Leistungsfähigkeit zu bringen schien. »Da müssen Sie eine Kernbohrung machen«, erklärte ich ihm seine Arbeit. Darauf wollte er sich jedoch nicht einlassen. »Ick bin nur bis zu dieser Wand zuständig. Da müssen Se die fragen, die für den Neubau zuständig sind. Die soll'n dit Loch in die Wand machen.« Das erinnerte mich ungut an unsere Odyssee durch diverse Amtsstuben. Dafür bin ich nicht zuständig – mit seiner Art, die Dinge zu betrachten, könnte dieser Mann jederzeit im öffentlichen Dienst unterkommen.

War ich überhaupt noch verwundert, dass im Neubau ebenfalls niemand aufzutreiben war, der Lust aufs Bohren hatte? »Die Kernbohrungen müssen Sie extra bezahlen«, klärte mich ein Abteilungsleiter schließlich auf. »250 Euro pro Bohrung.« Sein abfälliger Unterton gefiel mir gar nicht. Doch ich konnte ihm durchaus das Wasser reichen. »Wir haben einen Vertrag mit Ihnen über sämtliche Fernwärmeanschlüsse. Da werden Kernbohrungen durch Wände wohl dabei sein, sonst könnten Sie die Leitungen ja nicht verlegen, oder?« Ich stellte mir vor, ein Chirurg würde so arbeiten: »Den Blinddarm entferne ich gern, weiß aber nicht, wie ich die Bauchdecke aufbekomme. Fragen Sie doch mal den Kollegen aus Abteilung 3.« Welcher Patient würde einen solchen Arzt ernstnehmen? Ich hatte genug von dem Unfug und stellte klipp und klar fest: »250 Euro pro Bohrung kommt überhaupt nicht infrage. Das ist im Preis inbegriffen, den Sie kalkuliert haben.«

Die neue Zentralheizung blieb noch lange ein Thema. Es handelte sich um eine hochkomplexe Anlage. Eine zentrale Einheit aber, in der etliche Rohre zusammenlaufen, fehlte. »Ich bestelle das«, bot mir einer unserer Sanitärprofis an, »die Lieferzeit beträgt allerdings über ein Jahr.« Über ein Jahr? Das war ein Problem. Ohne die Steuerungseinheit würden wir nicht weiterkommen und die alte Heizung im vollbesetzten »Haus Anna« konnte jederzeit ausfallen. Ein unbefriedigender Zustand. Glücklicherweise bekam ich einen Tipp von dem Mitarbeiter des Fernwärmeanbieters, der 2021 den Hausanschluss gelegt hatte. »Ruf die Firma X an, die bauen solche Teile selbst. In ein paar Wochen ist es da.« Perfekt, dachte ich, das ist die Lösung. Ich rief an und erhielt eine erfreuliche Nachricht: »Klar bauen wir das Ding.« Umgehend bat ich unsere Sanitärfachleute, die Bestellung zu stornieren. Nun allerdings biss ich auf Granit. Es muss an dem drohenden Verlust einer schönen Provision gelegen haben, die die Sanitärfirma an dem Teil kassieren konnte. Anders kann ich mir den Widerstand nicht erklären. Man stellte sich quer und war nicht bereit, den Auftrag anzupassen. Unter keinen Umständen.

Mir waren die Hände gebunden. Knallhart verteidigten die Sanitärleute ihr Geschäft. Legte dagegen ich einmal Schärfe an den Tag, reagierten sie plötzlich empfindlich. Mitunter stockten die Arbeiten wochenlang, weil einzelne Verbindungsteile fehlten. Ich rief in der Firma an und insistierte, es müsse dringend etwas geschehen. »Schreiben Sie doch eine Mail«, schlug mir eine Azubine vor. Zu diesem Zeitpunkt hatten wir bereits die zweite durch den Pfusch der Sanitärfirma verursachte Überschwemmung überstanden. Mir platzte der Kragen. »Sie sind wohl nicht bei Trost!«, rief ich aufgeregt. »Seit Wochen warte ich auf ein Schnüffelstück. Ich glaube nicht, dass ich jetzt eine Mail schreibe. Sie haben einen Auftrag, den haben Sie bisher nicht erfüllt. Machen Sie jetzt!« Auch ich kann sehr bestimmt sein, wenn es nottut. Kurz darauf meldete sich der Verantwortliche für das Haus bei unserer Architektin und klagte mich an: »Was hat Frau Erben mit unserer Azubine gemacht? Die weint ja.« Anstatt Mitleid mit der jungen Frau zu zeigen, kritisierte die Architektin nun den Anrufer: »Sie verstehen schon, dass es einen wütend machen kann, wenn Sie wochenlang untätig bleiben?« Das wiederum wollte ihm gar nicht in den Kopf.

Da es zwischen Alt- und Neubau ein Gefälle und einen Höhenunterschied gibt, führten die Leitungen hinüber zum Altbau, nachdem die Kernbohrungen nun doch erledigt worden waren, teilweise an der Decke des Aufenthaltsraums im Neubau entlang. Ich erwähnte bereits, dass die Firma sie erst falsch eingebaut hatte, dann die in Deutschland vorgeschriebene lichte Höhe unterschritt und schließlich Absperrventile anschraubte, die gar nicht zugelassen waren. All das musste wieder ab- und umgebaut werden. Nichtsdestotrotz blieben die Rohre sichtbar und wir wollten sie verkleiden. Mir schwebte eine schicke Zwischendecke vor. Eine gute Gelegenheit für die Architekten, um sich zu verwirklichen. Dachte ich. Architekten wollten sich in ihren Entwürfen doch immer verwirklichen? »Machen Sie mir Vorschläge«, schrieb ich ans Planungsbüro. »Es geht um einen schicken Aufenthaltsraum ohne sichtbare Rohre, ich bin sogar bereit, etwas mehr auszugeben.«

Es kam – nichts. Diesmal enttäuschte mich das Architekturbüro. Keine Ideen, keine Vorschläge. Das Problem blieb an mir hängen, ich musste selbst kreativ werden. Ich wollte etwas Stylisches und recherchierte, was es an ungewöhnlichen Deckenverkleidungen gab. So wurde ich auf LED-Paneele aufmerksam, auch wenn diese Variante nicht gerade preiswert war. Die vier beleuchteten Paneele wurden in eine abgehängte Decke eingebaut und simulieren einen blauen Himmel mit Vögeln. Es ist, als würde man schon vom Erdgeschoss aus nach oben in den Himmel schauen. Ich war stolz auf meine Wahl. »Wie sieht der Himmel denn aus, wenn es draußen dunkel ist?«, fragte mich eine Mitarbeiterin der Hauskrankenpflege. Mit besonders viel Intelligenz war sie wohl nicht beschlagen. Völlig entgeistert ob der dämlichen Frage drückte ich kurzerhand auf den Lichtschalter und machte das Licht aus. Manche Dinge ließen sich prompt klären.

Ganz anders lief es mit unseren Sanitärleuten. Ein ums andere Mal bewiesen sie, was für ein arroganter Haufen sie waren. Noch bevor die Abnahme ihrer Installationen stattfinden konnte, mussten wir den ersten Schaden verzeichnen: Von der Decke einer der Wohnungen tropfte Wasser herab. »Das muss aus der Wohnung darüber kommen«, erklärte unser Hausmeister, der stets den Überblick behielt. Er ging nach oben, drehte den Hahn zu und stellte fest, dass unten kein Wasser mehr nachlief. Das jedoch interessierte den Sanitärfachmann Kalle, der das Problem beheben sollte, wenig. Er war vielleicht Mitte zwanzig und sichtlich überzeugt von seinen Fähigkeiten, hielt sich offensichtlich schon für einen erfahrenen Meister. Zuhören aber war nicht sein Ding. Stattdessen begann er, in der betroffenen Wohnung die Toilette abzuschrauben. »Das Klo ist es ganz bestimmt nicht«, wies ich ihn auf die Zwecklosigkeit seines Tuns hin. »Haben Sie das gelernt oder woher wollen Sie das wissen?«, blaffte er zurück. »Ich bin Frau Dr. Erben«, klärte ich ihn auf, »mir gehört dieses Haus. Hier haben Sie meine Handynummer. Sie können mich gern anrufen, wenn Sie etwas wissen wollen. Ich kenne das Haus nämlich in- und auswendig. Das hier ist ein hermetisch abgeschlossenes Fertigbad, folglich kann die Toilette nicht Ursache des Problems sein.«

Zur Einsicht kam Kalle nicht, meine Einlassungen trafen auf taube Ohren. Zunächst. Anderthalb Stunden später hatte sich das Blatt gewendet. Wie vorausgesagt, war die Toilette an der Misere unbeteiligt. Plötzlich aber interessierte sich der Profi Kalle brennend für meine Meinung. »Die Toilette muss wieder an die Wand«, forderte ich ihn auf, doch für diese Arbeit stellte er sich zu dumm an. Eine Dreiviertelstunde lang war er damit beschäftigt, das selbst verursachte

Chaos zu beseitigen, ohne dass der Wasserschaden an der Decke in irgendeiner Weise behoben wurde. Dafür hing die vorher einwandfrei funktionierende Toilette nun schief. Es war zum Haare raufen. Schlussendlich mussten zwei Löcher in die Verkleidungswand gesägt und später mit einer Klappe verschlossen werden. Das eigentliche Problem, eine schadhafte Verbindung am Abwasserrohr, behob zuletzt unser Hausmeister. Nach und nach gelangte ich zu der Überzeugung, dass man offensichtlich ein Trottel sein musste, um bei dieser Firma angestellt zu werden.

»Zeitnah« versprach die Sanitärfirma das Problem zu beheben. Das ließ mich mit einer Lösung innerhalb weniger Tagen rechnen. Ein akutes Problem verlangt sofortiges Handeln, so meine Einstellung als Ärztin. Ein naiver Gedanke. Wochenlang geschah nichts. Weil irgendein Stutzen verkehrtherum saß, konnte ein Bewohner sein Bad nicht mehr benutzen. Wäre nicht eine Wohnung samt Ersatzbad frei gewesen, hätte der Mieter ins Hotel gemusst. Mit welcher Berechtigung blieb ein Wasserschaden wohl vier Wochen unbehandelt? Würden Ärzte sich so einen Schlendrian leisten, wären die meisten Patienten längst tot, fände man endlich Zeit für sie.

Einatmen, ausatmen

Ruhe. Bisweilen brauchte ich einfach Ruhe. Musste mein Gleichgewicht wiederfinden. Begab mich auf lange Strandspaziergänge. Legte klassische Musik auf. Genoss ein Glas Wein dazu. Oft hatte ich das bitter nötig.

Menschen, die zu Bluthochdruck neigen, muss ich als Ärztin dringend vom Bauen in Berlin abraten. Schon ohne eine entsprechende Prädisposition stieg mein Puls regelmäßig in Frequenzbereiche, die alles andere als gesund waren. Wem es beim Lesen ähnlich geht – es gibt Hausmittel dagegen. Bewusst atmen. Bis zehn zählen. Die Schultern fallen lassen. Tee kochen. Sich selbst im Spiegel anlachen. Singen.

Singen wollte ich meiner Umwelt zuliebe nicht. Beim Lachen vor dem Spiegel war ich mir unterdessen nicht immer sicher, ob ich mich nun an- oder einfach auslachte. Für eine gewisse Zeit hatte ich das Lachen gar verlernt, doch das war zum Glück nur ein vorübergehendes Symptom meines Bauherrentums. Ansonsten aber praktizierte ich regelmäßig verschiedenste Selbstberuhigungsmethoden. Das verschaffte mir ein wenig Linderung.

Eigentlich bin ich ein harmoniesüchtiger Mensch. Ich muss nicht die herablassende Bauherrin spielen. Ich hatte auch kein Problem damit, drei Mal 67 Wohnungen zu wischen, ebenso viele Bäder zu putzen oder Hunderte Pflanzen einzubuddeln. Auf diese Art baute ich eine echte Beziehung zu Haus und Garten auf. Obwohl wir als Kinder vergleichsweise privilegiert lebten, weil mein Vater in der DDR ein »hohes Tier« war, wurde meinem Bruder und mir zu Hause beigebracht, dass wir nicht besser waren als alle anderen. Schon mit 14 Jahren half ich beim Ausbau unserer

Wochenendlaube. Das war selbstverständlich, da wurde gar nicht diskutiert. Mein Vater hatte sich in den Kopf gesetzt, die Terrasse mit bunten Glassteinen zu verschönern. Das zugeschnittene Glas war da, es fehlten nur noch die passenden Steine. Er ließ eine Form für den Rahmen anfertigen, in die Beton gefüllt wurde. Nach dem Aushärten kitteten wir das Glas in die Passform. Mädchen oder nicht: Ich musste alles mitmachen. Ich siebte Mist und grub Beete um, lackierte und schraubte. Schon als Jugendliche konnte ich tapezieren. So praktisch wurden wir von unseren Eltern erzogen.

Heute bin ich meinem Vater dankbar dafür. Er förderte mein handwerkliches Geschick ungemein. Abgesehen von Elektrikern holte er nie Handwerker ins Haus. Erst heute kann ich die unendliche Weisheit dieses Vorgehens ermessen. Mein Vater erledigte alles selbst. Wir kannten es nicht anders. Die Fähigkeit zu improvisieren, ging uns Ossis ins Blut über. Das verlernt man nicht. Noch heute bin ich gut darin. Als einmal das Begrenzungskabel unseres Rasenroboters defekt war, musste ein neues gelegt werden und es war notwendig, eine schwere Steinplatte zu verschieben, um die Ladestation an anderer Stelle anzuschließen. Hans-Werner wollte helfen. Als er so weit war, hatte ich längst alles installiert und angeschlossen. Der Mähroboter kurvte schon wieder zuverlässig durch den Garten. »Typisch Ossi! Du hast schon eine Lösung, du bist schon wieder fertig?!« Mein Mann staunt regelmäßig, wie schnell ich Hindernisse aus dem Weg räume.

Eine egalitäre Grundhaltung zog sich durch mein ganzes Leben. Klassendünkel wie heute gab es in der DDR ohnehin nicht. Ich begann meinen Berufsweg 1979 als Krankenschwester. Wir jungen Frauen putzten nicht nur Nachttische, wischten Zimmer oder machten Betten. Wir setzten uns auch zur Oma auf die Bettkante und widmeten uns ihren täglichen Sorgen. Ich erinnere mich gut, wie ich ein weinendes altes Mütterchen trösten musste, die sich um ihr allein gebliebenes Haustier sorgte. Selbst solche Probleme lösten wir. Es ging der Dame gesundheitlich gleich viel besser, als sie ihren Hund versorgt wusste. Auf der chirurgischen Station wickelten wir nachts gemeinsam mit den Patienten gewaschene Elastikbinden auf. Näher konnte man sich nicht sein. Wir Krankenschwestern hatten Zeit für so etwas und erfuhren dadurch mehr als mancher Arzt.

Das war eine gute Schule. Meine Ausbildung prägte nicht zuletzt mein Verhältnis zu Patienten nachhaltig. Nicht selten übersetzte ich ihnen das medizinische Kauderwelsch der Ärzte in verständliches Deutsch. Das milderte die Angst vor den Göttern in Weiß. Als Göttin in Weiß trat ich selbst in meiner Praxis später nie auf. Ich nahm Patienten ernst und nahm mir Zeit für ihre Sorgen. Als ich zu meinem Mann nach Flensburg zog und dort in einer riesigen Praxis mit 25 Mitarbeitern anfing, staunten sie über mein Verständnis. »Endlich mal eine, die weiß, wovon sie redet. Eine, die weiß, wie unser Alltag aussieht.«

Mein gesamtes Berufsleben lang fragte ich mich, warum Ärzte so selten gemeinsam mit ihren Patienten lachen. Ich tat es oft und sah, dass es den Patienten gut tat. Als ich in der Flensburger Praxis anfing, hatte ich selbst noch eine Mauer im Kopf. Ich befürchtete, die norddeutschen Wessis würden mit meiner Ostberliner Großschnauze nicht klarkommen und nicht mit mir lachen wollen. Doch meine Bedenken waren unbegründet, wie ich schnell feststellen konnte. Es dauerte nicht lange, da hatte man sich an mich gewöhnt. »Sie dürfen das sagen, Sie kommen aus Berlin«, hieß es, wenn mir das Herz wieder einmal auf die Zunge gerutscht war. Oder auch: »Geht es Ihnen nicht gut, Frau Doktor, ich habe Sie heute noch gar nicht lachen gehört?«

Ich bin stolz darauf, keine arrogante Frau zu sein. Ich hielt mich nie für etwas Besonders. Das erkannten viele Leute an. Dennoch musste ich als Bauherrin lernen, Konflikten nicht aus dem Weg, sondern sie frontal anzugehen. Harmoniesucht hin oder her: Mit zunehmendem Erfolg war ich bei der Lösung unserer Problemlagen mit Ämtern und Handwerkern diplomatisch und zugleich sehr bestimmend. Stets fiel mir die Aufgabe zu, die schwierigen Telefonate zu führen. Ich wurde besser darin. Meine Erfolgsquote stieg. Allerdings hieß das längst nicht, dass alles perfekt war. Dass es keine Rückschläge gab. Keine Katastrophen.

Eine Zufahrt ist kein Eingang

Wir hatten nicht damit gerechnet, wie schwierig es sein würde, zu Fuß an unser neu gebautes Haus heranzukommen. Das Grundstück liegt am Rosenfelder Ring, ein Straßenrund mit circa 1,5 Kilometer Umfang. Der Ring selbst ist eine Autostraße und umschließt eine grüne Insel, die von Parkwegen durchkreuzt wird. Die einzelnen Grundstücke grenzen hinten an den Park und vorn an die Hauptstraße.

Auch unser Grundstück wird an zwei Seiten von der Grünfläche flankiert, an die dritte schließt das Nachbargrundstück an und unser Neubau steht parallel zur vierten Seite, an der sich die Hauptstraße befindet. Angesichts dieser Lage hielten wir es für sinnvoll, den Eingang zum neuen Haupthaus direkt am Rosenfelder Ring zu planen. Auch im Bauamt teilte man diese Auffassung und machte den straßenseitigen Eingang gar zur Voraussetzung für die Erteilung einer Baugenehmigung. Ein Zugang für Fahrzeuge existierte bisher nur am jenseitigen Ende des Grundstücks. Es handelte sich um eine Stichstraße, die vom hinter den anderen Grundstücken gelegenen Rosenfelder Ring abging und auf einen Parkplatz führte. Von dort waren es gut 80 Meter Fußweg zum Neubau. Zudem stand »Haus Anna« im Weg. Die 67 Wohnungen, die wir gerade bauten, lagen somit recht abgeschnitten. Ein ungünstiger Zustand, bedachte man, dass Krankenwagen und -transporte, Versorgungsfahrzeuge sowie – so realistisch musste man bleiben – hin und wieder ein Leichenwagen oder die Feuerwehr Zugang benötigen würden.

Wie praktisch, dass der diesseits liegende Abschnitt des Rosenfelder Rings nur fünf Meter entfernt von der Grundstücksgrenze verlief. Genug Platz für eine Einfahrt war da und es wurde sogar noch besser: Es war nicht nur Platz für eine Einfahrt da, sondern die Einfahrt selbst! Bereits zu DDR-Zeiten musste es Planungen gegeben haben, auf dem Grundstück einen weiteren Kindergarten zu bauen. Der Eingang war betoniert und eine Absenkung zur Straße angelegt worden. Ein fertiger Zuweg, eine Feuerwehrzufahrt. Da ließ sich doch was draus machen.

Theoretisch. Die zuständige Behörde bremste uns aus. Da der fünf Meter breite Streifen zwischen Straße und Grundstück offiziell ein Grünstreifen war, fanden wir uns erneut im Grünflächenamt wieder. Dort schlug man angesichts unseres Vorhabens die Hände über dem Kopf zusammen. »Sie können doch nicht auf unsere Grünflächen drauf!« Dass die Zufahrt längst gebaut war, spielte überhaupt keine Rolle. Genehmigt werden konnte sie trotzdem nicht.

Gerade als ich die Hoffnung auf eine Zufahrt aufgeben wollte, zog ich das große Los: Der Himmel schickte mir einen Engel. Einen Behördenmitarbeiter, der mir ehrlich helfen wollte und sogar wusste, wie. Mit diesem einen Mann im Grünflächenamt hatte ich Glück. »Wissense wat?«, sagte er zu mir, »wir widmen einfach ein Stückchen Jrünstreifen in Straßenland um und dann könnses koofen.« Das war die Rettung. Nachdem die Umwidmung vollzogen war, kaufte ich 100 Quadratmeter Straßenland hinzu. Es kostete eine Stange Geld, rund 40.000 Euro. Aber das war fast schon egal. Ich würde eine legale Zufahrt bekommen! Ich dankte dem Engel vom Grünflächenamt für diese glückliche Fügung. Ohne ihn hätte es keine Baugenehmigung gegeben.

Was ich erst noch lernen musste: Einen Eingang hatte ich damit noch lange nicht. Eine Einfahrt ist nämlich kein

Eingang. Fahrzeuge durften hindurch, Fußgänger aber nicht. Diese Absurdität wurde damit begründet, dass sich zwischen Grünstreifen und Straße kein Fußweg befand, sondern nur Straßenbegleitland. Man lernt nie aus. Die gefährliche Passage dieses Straßenbegleitlandes wäre Fußgängern nur erlaubt worden, wenn ich einen Fußgängerüberweg hätte anlegen lassen, inklusive einer Bordsteinkantenabsenkung auf der gegenüberliegenden Straßenseite. Diese Option verwarf ich jedoch, da ein Fußgängerüberweg mit Zufahrt beim Land Berlin mit weiteren 40.000 Euro zu Buche geschlagen hätte, die selbstverständlich ich hätte bezahlen müssen. Es musste einen anderen Weg geben.

Die neue legale Einfahrt lag an der Ecke des Grundstücks. An dieser Ecke ging rechtwinklig ein öffentlicher Parkweg von der Straße ab und führte an unserem seitlichen Zaun vorbei. Ich beschloss, die Fußgängertür einfach an den Parkweg zu verlegen. Dort konnten die Bewohner unseres Hauses ein- und ausgehen, ohne zu Rowdys und Gesetzesbrechern zu werden. Die Lösung war pragmatisch genug, um im Grünflächenamt erneutes Entsetzen hervorzurufen. »Das geht gar nicht«, ließ ich mir erklären, »Sie können nicht einfach eine Tür auf meinen Parkweg bauen!« Auf *meinen* Parkweg?! Ich wusste wirklich nicht mehr, ob ich nicht richtig tickte oder die Leute im Grünflächenamt. Ich sah es eher so: Der Zaun gehörte mir und der Weg allen. »Das ist doch ein öffentlicher Weg. Warum wollen Sie meinen Bewohnern den Zugang zu einem öffentlichen Weg verbieten? Denen gehört der Weg doch mindestens genauso wie Ihnen?«, fragte ich leicht verunsichert. Das schale Gefühl war zurück, es gehe wieder einmal um pures Machtgehabe. Darum, alles zu verkomplizieren, einfach deshalb, weil man es konnte.

Um es kurz zu machen: Der Kampf um die Zauntür zog sich über Wochen. Lange schwebte das Damoklesschwert über uns, am Ende doch Tausende Euro für einen aufgezwungenen Fußgängerüberweg berappen zu müssen. Nach heftigen Kontroversen bekamen wir für unsere Pforte schließlich eine Sondergenehmigung. Sie kann jederzeit zurückgezogen werden, sollte irgendjemand dies für nötig erachten. Im Vergleich zu den Zebrastreifen war unsere Zauntür verdammt preisgünstig. Durch sie erreichte nun jedermann mit drei Schritten die Hauptstraße, kaum fünf Meter von unserer fußgängeruntauglichen Zufahrt entfernt. Über die Straße geht es dann wie eh und je ohne Fußgängerüberweg.

Leitung ins Nichts

Wer es bequem mag, kann sich Einfahrten wie die unsere übrigens von der Stadt Berlin bauen und pflastern lassen. Großzügig bot man uns diese Dienstleistung an und rief dafür eine Vorauszahlung von 22.000 Euro auf. Wohlgemerkt: für die billige Variante, ohne Eingang. Wir aber suchten lieber selbst eine Firma, was sich als weise Entscheidung herausstellen sollte. Plötzlich kostete eine Einfahrt nur noch 11.000 Euro, exakt die Hälfte des städtischen Angebots.

Auf der Grundstücksseite ließen wir den Zufahrtsbereich etwas großflächiger pflastern. In jeglicher Hinsicht bot es sich an, dort die Abstellflächen für die Mülltonnen einzurichten. Zuvor musste jedoch ein Mitarbeiter der Abfallentsorgungsbetriebe die Situation in Augenschein nehmen. Enttäuscht stellte er fest, dass unsere Zufahrt ein Gefälle von fünf Prozent aufwies. Das war rollstuhlgerecht und wir erfüllten damit alle Vorgaben für Barrierefreiheit. »Das ist mit den Arbeitsschutzrichtlinien der Abfallentsorgungsbetriebe aber nicht vereinbar«, hieß es lapidar. Nichts zu machen. Umsonst gepflastert. Die Herren von den Abfallentsorgungsbetrieben sollten nicht gefährdet werden, so viel war klar. Worin diese Gefahr genau bestand, erschloss sich mir jedoch nicht. Was konnte für rüstige Müllmänner mehr Sturz- und Stolpergefahr bergen als für betagte Senioren? Tonnen im Hacken? Knackende Schultergelenke? Die Mülltonnen blieben, wo sie waren: gut sichtbar vor »Haus Anna«.

Mit unserem flüssigen Müll hatten wir ähnliches Pech. Die in jedem Haus unerlässliche Abwasserleitung muss bei dem zuständigen Wasserversorger bestellt und bezahlt werden, was wir im September 2020 erledigten. Volle 28 Monate später, im Februar 2023, sollte sie endlich eingesetzt werden. Das war knapp. Zwei Monate später wollten wir das Haus eröffnen.

Etwas unbedarft hielt ich den Anschluss ans Abwassersystem für eine reine Formsache. Schließlich handelte es sich um die Angliederung an bestehende, allgemein benutzte und in Betrieb befindliche öffentliche Leitungen. So einfach lief es in der Hauptstadt aber nicht. Der Elfgeschosser uns gegenüber war zu DDR-Zeiten gebaut und nach der Wende Teil einer Wohnungsbaugenossenschaft geworden. Dass Abwasserleitungen fremder Grundstücke durch den Vorgarten des Hochhauses führten, hatte niemand so recht bedacht. Doch was im Grün der Genossenschaft lag, war keine öffentliche Leitung mehr. Es ging um 100 Meter eines und desselben Rohrs, das sowohl vor dem Genossenschaftsgrundstück als auch dahinter immer schon – und immer noch – öffentlich war. Überall floss das Gleiche durch.

Unsere Abwasserleitung musste ausgerechnet an das Stück anschließen, das nunmehr Genossenschaftsleitung war. Im Grunde ging mich das alles überhaupt nichts an. Für die Klärung des Sachverhalts war der Wasserversorger zuständig. »Ja, das ist tatsächlich keine öffentliche Leitung«, käute die zuständige Dame wieder, was ich bereits herausgefunden hatte. »Das wird schwierig, Sie da anzuschließen.« Sie ließ mich mit der Empfehlung im Regen stehen, doch einmal bei der Genossenschaft anzurufen. Was ich tat. Dort aber war man der Meinung, der Wasserversorger sollte sich melden, schließlich würden die ja was von ihnen wollen. Im Endeffekt riefen sich beide Parteien gegenseitig nicht an.

Ich war es leid. Ich holte mir den Vorstandsvorsitzenden der Wohnungsbaugenossenschaft an die Strippe. Selten behandelte mich jemand so von oben herab. Ein Wessi, da bin ich mir als Ostfrau sicher. Ungeachtet der Tatsache, dass in solchen Fällen mein Puls auf 230 hochschießt, werde ich äußerlich ruhiger und ruhiger. Was ich mir einbilde, zeterte der Schnösel. Das seien seine Leitungen und ich hätte mich nicht einzumischen. Ich ertrug diesen Ton keine vier Sätze lang und schlug ihm kühl vor, dass wir uns doch auf Augenhöhe unterhalten sollten. »Das tue ich bereits«, bekam ich zur Antwort. Offenbar wich seine Wahrnehmung maximal von meiner ab. Der Wasserversorger sollten sich gefälligst bei ihm melden, schimpfte er weiter, so ein Altenheim würde ihm die Leitungen mit Windeln verstopfen. Ich solle erst einmal für eine Kamerabefahrung sorgen, um zu sehen, ob die Leitung überhaupt in Ordnung sei. »Entschuldigen Sie«, fiel ich ihm ins Wort, »ich denke, das ist Ihre Leitung. Wieso sollte ich deren Zustand überprüfen?«

Mit diesem arroganten Mistkerl waren weitere Gespräche sinnlos. Das war gewiss. So kamen wir nicht weiter. Wir schalteten eine Fachanwältin ein und erfuhren unverhofft, dass eine Sonderregelung existierte: Danach galten sämtliche Abwasserleitungen Berlins als öffentlich, egal, wo sie lagen. Darüber informierte unsere Anwältin den Wasserversorger, dem diese Regelung, die ihn sicherlich des Öfteren betraf, aus unerfindlichen Gründen unbekannt zu sein schien. Antwort erhielt sie indes nicht.

Als Ärztin ginge mir der Arsch auf Grundeis, wenn mir das Anwaltsschreiben eines Patienten ins Haus flatterte. Zum Glück ist das nie vorgekommen. In einem solche Fall nicht nach einer einvernehmlichen Lösung zu suchen und nicht zeitnah zu antworten, käme mir beim besten Willen nicht in den Sinn. Ganz anders der zuständige Wasserversorger. Als fünf Wochen lang keiner reagierte, setzte die Anwältin ein zweites Schreiben auf. Unsere Architektin rief permanent an und versuchte, jemanden zu erreichen. Erfolglos. Niemand schien es für nötig zu halten, sich mit dem Fall zu befassen. Zehn Monate lang hörten wir nichts.

Eine steuerfinanzierte kommunale Einrichtung, die sich den Bürgern verweigert – sich tot zu stellen, schafft Freizeit, dachte ich. Aber nicht mit mir. Irgendwann platzte mir der Kragen. Ende Januar 2023 schrieb ich einen gepfefferten Brief an den Vorstandsvorsitzenden des Wasserversorgers und an den zuständigen Berliner Wirtschaftssenator. Das zog. Die persönliche Referentin des Senators rief mich zurück. Plötzlich nahm man sich des Problems an höchster Stelle an. Und siehe da: Zwei Wochen später war die Angelegenheit vom Tisch. Innerhalb kürzester Zeit waren wir ans Abwassernetz angeschlossen. Die Verbindung zur öffentlichen Leitung stand. Das Haus war bezugsbereit. Am 1. Juni 2023 zogen die ersten Bewohner ein. Wie glücklich waren wir, wie erleichtert!

Während sich das Haus langsam füllte, fiel Schritt für Schritt mehr Abwasser an. Logisch. Nichts anderes durfte man erwarten. Es dachte sich also niemand etwas Böses. Bis zum 25. August 2023, dem Tag der braunen Flut. An diesem Tag quoll Scheiße aus unserem Gulli, überschwemmte das Grundstück und bildete einen stinkenden Bach, der sich über den anliegenden Parkweg auf die öffentliche Straße ergoss. Es war ekelhaft. Ich überlasse es der Fantasie des Lesers, sich die Details auszumalen, sich vorzustellen, was dies mitten im Hochsommer zu bedeuten hatte. Die Kacke war buchstäblich am Dampfen.

Was um Himmels Willen war passiert? Unser Hausmeister, gelernter Installateur, forschte sofort nach den Ursachen und machte sich mit einer Rohrreinigungsspirale an der Leitung zu schaffen. Als ein Notdienst anrückte, erstattete er Bericht: »Mit der Spirale war ich schon fünf Meter drin und konnte nichts Auffälliges feststellen.« Nach fünf Metern sei er längst unter dem öffentlichen Parkweg angelangt, stellte der Notdienstler fest. »Dann jeht dich dit jar nüscht an«, schloss er. »Ruf mal den Wasserversorger an.« Umgehend schickte der jemanden.

Die Zeit drängte. Wären Abwässer erst einmal unters Fundament oder innen unter die Fertigbäder geflossen, wären Millionenschäden entstanden. Dann hätte ich das Haus gleich wieder abreißen lassen können. Entsprechend mies war meine Stimmung. Zu allem Übel musste ich die Sache aus der Ferne regeln, denn ich arbeitete nach wie vor Vollzeit in Flensburg. Mein Sohn Robert war ständig vor Ort und setzte mich in Kenntnis. Auch wenn ich dadurch etliche 450-Kilometer-Notfallfahrten sparte, bekam ich alles hautnah mit.

Die Fachleute des Wasserversorgers bereiteten eine Kanalbefahrung mit Kamera vor. Die Leitung führte durch Blindrohre, die seit DDR-Zeiten im Boden lagen. Sie waren an das genossenschaftliche Leitungsstück angeschlossen. Ähnlich wie die ungenutzte oberirdische Zufahrt waren die Blindrohre offensichtlich für einen nie gebauten zweiten Kindergarten gedacht gewesen. Selbstverständlich musste ihr Zustand überprüft werden, als der Anschluss gelegt wurde. Und natürlich hatten wir der Auskunft des Genossenschaftsvorsitzenden Glauben geschenkt, alles sei in bester Ordnung. Nun aber stellte sich heraus, dass diese erste Kanalbefahrung nie stattgefunden hatte. Ich konnte es nicht fassen! Noch unglaublicher war, was jetzt zutage kam: eine Wand. Eine Wand, die die Leitungsrohre hermetisch abschnitt. Eine Wand, die niemand bemerkt hatte. Wir waren an eine Sackgasse angeschlossen! Deswegen hatte sich die Kacke im Untergrund gestaut, den Weg des geringsten Widerstandes durch unseren Gullideckel genommen und überflutete nun den Parkweg. Als hätte der Gastroenterologe einen kompletten Darmverschluss übersehen.

Dieses Ausmaß an Dilettantismus machte mich sprachlos. Sobald ich wieder einen klaren Gedanken fassen konnte, beschloss ich das Naheliegende: Die Wand muss weg, so schnell wie möglich. Jemand musste die liegende Leitung reparieren, die Mauer entfernen und alles flösse wohlgeordnet seinen Gang. Ich sprang im Dreieck, obwohl eigentlich der Wasserversorger zuständig waren. Ich war wild entschlossen, schnellstmöglich eine Genehmigung für die anstehende Kanalsanierung zu erwirken. Ohne die ging es selbstredend nicht, da das betreffende Leitungsstück unter öffentlichem Grünland lag. Hier hatten wir Leitungsrecht, nicht aber Wegerecht! Ohne behördliche Genehmigung durften wir uns nicht zu unserer Leitung durchbuddeln.

Zuständig war dieselbe Trulla im Grünanlagenmanagement, die mir so lange keine Pforte erlauben wollte. Schlechte Aussichten. Tatsächlich ließ sie uns auflaufen. Wir bekamen vom Grünflächenamt keine Genehmigung, die Leitung zu flicken. Die Gründe waren unverständlich, verworren, völlig absurd. Zusammengefasst lautete die Erklärung: Ich als Eigentümerin des Grundstücks sei die alleinige Nutzerin der betreffenden Zuleitung. Diese würde somit zu meiner Zuleitung. Laut Vorschrift aber müsse sich meine Zuleitung auch auf meinem Grundstück befinden. Dort könnte ich herumreparieren, wie ich wollte, auf öffentlichem Land hingegen wurde dies ausgeschlossen. Der Parkweg durfte nicht angetastet werden.

Kafka hätte seine Freude gehabt. Eine vor 60 Jahren in der DDR gebaute Leitung, die auf allen existierenden Kanalplänen Berlins bis heute als öffentlich verzeichnet ist, war also über Nacht zu meiner Leitung geworden. Und da sie jetzt meine Leitung war, lag sie falsch, da sich an ihrer Stelle nur öffentliche Leitungen befinden durften. Weil sie aber an unrechtmäßiger Stelle lag, weigerte sich die Behörde, eine Reparatur meiner Leitung – die ich, rein rechnerisch, just zu meiner Geburt hatte bauen lassen – zu genehmigen.

Es war zum Haareraufen. Trotz allem glomm noch einmal ein Hoffnungsschimmer auf. Ungefähr zur selben Zeit nämlich versuchte ich im Grünflächenamt jemanden wegen der Nachpflanzungen auf meinem Grundstück zu erreichen. Damit hatte ich wieder einmal keinen Erfolg, dafür aber zufällig einen Mitarbeiter am Apparat, der sich mein Leid mit der Abwasserleitung klagen ließ. »Aber wir sind doch für die Bürger da«, versuchte er mich aufzubauen. »Sie wollen mich wohl auf den Arm nehmen?«, gab ich konsterniert zurück. »Das habe ich die letzten fünf Jahre über nicht erlebt, dass Sie für die Bürger da sind.« – »Dann sollten wir wirklich schauen, wie wir Ihr Vertrauen in die Behörden wieder herstellen können.« Er schien ehrlich bemüht. »Da müssen Sie sich aber große Mühe geben«, gab ich zurück und versprach gleichwohl, ihm die Causa wie gewünscht schriftlich darzulegen. Kaum zu Hause angekommen, bat ich unsere Architektin, mir den gesamten Mailverkehr mit dem Wasserversorger und Grünflächenamt zuzuschicken.

Kaum schaute ich ins Postfach, traf mich der Schlag: Stand dieser Hornochse doch tatsächlich in sämtlichen E-Mails, die verschickt worden waren, im CC! Der Mann, der plötzlich frisch und frei für mich da sein wollte, war von Anfang an über jedes Detail im Bilde und kannte die ganze Geschichte. Oder er las nie eine einzige E-Mail. Jäh verglühte der Hoffnungsschimmer. Vertrauen in die Ämter wiederherstellen? Für die Bürger und ihre Sorgen da sein? Ich kam mir so dämlich vor.

Meinen Bericht bekam er trotzdem. Ich erniedrigte mich zudem, um eine Antwort nachzusuchen, als sie eine Woche lang ausblieb. Daraufhin schrieb der Herr, dass er mit seinen Mitarbeiterinnen gesprochen habe, darunter die Zauntürtrulla, die er freilich anders nannte. Das Resultat der Besprechung barg keinerlei Überraschungspotenzial: »Ich gestatte Ihnen hiermit nicht, Aufgrabungsarbeiten in der öffentlichen Grünanlage durchzuführen«, hieß es da in glänzendem Amtsdeutsch, »dies beinhaltet auch den Weg der öffentlichen Grünanlage.« Obendrein trug man dem Wasserversorger auf, die seit 60 Jahren ungebrauchten Leitungen, die sie offensichtlich ohne um Erlaubnis zu bitten in Nutzung genommen hatten, in ihren unberührten Zustand zurückzuversetzen.

Mein Vertrauen in die Ämter, das dieser Zyniker hatte wiederherstellen wollen, war damit endgültig zerstört. Es war zwecklos. Behörden und ihre Mitarbeiter existierten offenkundig nur, um einem Knüppel zwischen die Beine zu werfen. Von der einen Ausnahme abgesehen, die mir unterkam, gab es nichts, aber auch gar nichts, was sofort oder gleich, ohne Widerstand oder Riesenerklärungen ablief. Jedem Arzt würden die Patienten weglaufen, behandelte er so an deren Interessen vorbei. Keine Klinik würde das lange überleben. Im steuerfinanzierten öffentlichen Dienst aber muss sich niemand von Dienstleistungsgedanken beherrschen, gar von Sorgen um die Zufriedenheit der Klienten umtreiben lassen. Egal, was man dort tut oder nicht: Das Gehalt ist sicher.

Tsunamigefahr

Der existierende Kanal durfte also nicht instandgesetzt werden. Daran hatte sich der Wasserversorger zu halten. Letzten Endes trug er die Verantwortung. An ihm blieb es hängen, die Sache wortwörtlich ins Reine zu bringen. Ein Riesenaufwand. Aufgrund der Sturheit des Grünflächenamts blieb dem Unternehmen nichts weiter übrig, als auf unserem Grundstück alles aufzubuddeln und die Leitungen, die nun plötzlich doch nicht mehr meine waren, noch einmal komplett neu zu verlegen.

Hätten wir das eher gewusst! Planen lässt sich ja vieles. Da jedoch niemand mit diesen Leitungen gerechnet hatte, drohten sie nun mit riesigen Regenwasserrigolen zu kollidieren, die wir im Boden hatten versenken müssen. Eine der vielen Auflagen, die Bauherren blühen. Die unterirdischen Wasserspeicher sollten verhindern, dass bei starken Regenfällen mehr als die zulässige Regenwassermenge von einem Liter pro Sekunde in die Kanalisation gelangt. Offensichtlich drohte andernfalls die Spree über die Ufer zu treten. Die vorgeschriebene Größe dieser Speicher wurde anhand einer Dauerserie nie dagewesener Jahrhundertniederschläge berechnet. Das zwang uns zu einer Speicherkapazität von insgesamt 30 Kubikmetern, etwa die Größe eines ansehnlichen Swimmingpools. Dass wir zwecks zusätzlicher Regenwasserspeicherung eigens eine Dachbegrünung angelegt hatten, spielte keine Rolle. Ein Regenwassertsunami konnte von unserem Grundstück jedenfalls nicht ausgehen.

Es war äußerst aufschlussreich zuzuschauen, wie schnell die Leute des Wasserversorgers arbeiten konnten. Diesmal ließen sie nichts anbrennen, denn die Sache wurde auf Dauer einfach zu teuer. Solange keine neue Leitung lag, mussten schwere Fahrzeuge die Fäkalien dreimal täglich abpumpen. Erst um Mitternacht erschien die letzte Schicht. Die Einsatzfahrzeuge mit ihren rotierenden Rundumleuchten und den tuckernden Pumpen waren weder zu übersehen noch zu überhören – zu überriechen schon gar nicht. Es dauerte nicht lange, bis beschwerdefreudige Anwohner aus dem Elfgeschosser auf der Matte standen und meckerten. Mit gewissem Erfolg. Ihnen zuliebe legte der Wasserversorger eine Überbrückungsleitung und installierte eine Pumpe vor Ort. Dreimal täglich mussten die Mitarbeiter fortan nicht mehr anrücken, zweimal täglich aber die Pumpe anstellen. Anfang November, gut zwei Monate nachdem die übelriechende Fäkaliensuppe auf unser Grundstück gequollen war, ging die neue Leitung in Betrieb. Wir atmeten auf.

Ein Spielplatz fürs Altersheim

Bei einem Bauprojekt wie unserem gilt es, zahlreiche gesetzliche Auflagen zu beachten. So musste ich in unserem umzäunten Garten etwa einen Kinderspielplatz bauen. Es war grotesk. Selbstredend war den zuständigen Entscheidungsträgern bekannt, dass wir eine Einrichtung planten, deren pflegebedürftige Bewohner das Renteneintrittsalter bereits weit hinter sich gelassen hatten. Wer aber kann wissen, ob hinfällige Greise nicht doch mal schaukeln oder buddeln wollen? Ich besprach die Angelegenheit mit meinen alten Bekannten im Bauamt und erzielte immerhin einen Teilerfolg: Es gelang mir, sie davon zu überzeugen, dass ein Rentnerspielplatz mit 250 Quadratmetern überdimensioniert gewesen wäre. Gegen die Zahlung einer Gebühr von 2800 Euro erteilte man mir die Erlaubnis, den Spielplatz auf 50 Quadratmeter Fläche zu schrumpfen und sogar auf ein Klettergerüst zu verzichten. Ich hoffe, abenteuerlustige Pflegefälle werden mir deswegen nicht böse sein.

Übrigens überwies ich dem Bezirksamt Lichtenberg über die gesamte Bauphase hinweg rund 30.000 Euro an Gebühren für alles Mögliche, für Baustelleneinrichtungsflächen über Grenzvermessungen und verkehrsrechtliche Anordnungen bis hin zu Baumfällung, Baumschutz und Nachpflanzungen. Und so weiter und so fort. Aber das nur nebenbei.

Den Spielplatz jedenfalls – es mag die Herrschaften im Bauamt verwundern – nutzen unsere Bewohner bisher nicht. In den Buddelkasten würden sie es ohnehin nur mit einem Treppenlift schaffen. Die meisten sind froh, sich aufrecht am Rollator halten zu können. Nichtsdestotrotz steht jedem von ihnen gleichfalls ein Fahrradstellplatz zur

Verfügung. 67 Fahrradstellplätze müssen wir vorhalten, für jede Wohnung einen. Aus Erfahrung wusste ich, dass das Unfug war. Abgesehen von einem einzigen Fahrradständer, den eine Mitarbeiterin regelmäßig benutzte, hatten wir von den bereits vorhandenen Stellplätzen am Altbau in 15 Jahren nie welche benötigt. Natürlich interessierte das niemanden. Ich durfte mich schon glücklich schätzen, dass unsere Wohneinheiten nur 25 Quadratmeter maßen. Nur ein wenig mehr Wohnfläche hätte die doppelte Anzahl an Stellplätzen erfordert, unabhängig davon, dass die Bewohnerzahl gleich geblieben wäre. Parkplätze hingegen musste ich keine bauen, noch nicht mal eine zeitgemäße Ladestation für Elektroautos. Weiter vorbei an der Realität konnten Vorschriften nicht gehen.

Im Bauamt sorgte man sich allerdings nicht nur um die Spielmöglichkeiten und die Drahtesel unserer Bewohner, sondern auch um ihre Verkehrssicherheit innerhalb der Wohnungen. Offensichtlich befürchtete man, dass nach dem Toben im Sandkasten und einer Fahrradtour durch den Kiez womöglich jemand über seinen Rollator stolpern könnte. Daher bekam ich die Auflage, in jeder zweiten Wohneinheit einen Rollatorabstellplatz einzurichten: eine Nische, eigens abgeteilt mit einer zusätzlichen Betonwand. Das war aufwendig, verursachte Extrakosten und war in den relativ kleinen Wohnungen keineswegs ideal. Außerdem wusste ich aus meiner Erfahrung als Krankenschwester und Ärztin, dass jemand, der seinen Rollator stets in einer Ecke parken und ihn von dort holen konnte, eigentlich gar keinen brauchte. »Wenn bei uns jemand ins Bett geht, stellt er den Rollator doch direkt neben sein Bett, um ihn auch beim Aufstehen parat zu haben«, überlegte ich im Bauamt laut vor mich hin.

»Das ist ein völlig indiskutabler Einwand«, erwiderte Herr Grau. Vorschrift blieb Vorschrift, wie unsinnig sie auch sein mochte. Es blieb bei der Auflage zum Nischenbau.

Richtig teuer wurden die Brandschutzmaßnahmen. Brandschutz geht uns alle an, hatten wir schon zu DDR-Zeiten in der Schule gelernt. An erster Stelle aber war er Sache der Brandschutzgutachterin Frau Flämmer, die das Gutachten für unsere Einrichtung erstellte. Auf ihr Geheiß hin hatten wir am Neubau neben dem ersten bereits ein zweites Notfalltreppenhaus an der gegenüberliegenden Hausseite errichten müssen. So weit, so verständlich. Das änderte jedoch nichts daran, dass unser Neubau innen 62 Meter lang war. Ein brandschutztechnisch höchst ungünstiges Maß, wie sich herausstellen sollte.

Aus nachvollziehbaren Gründen werden Gebäude mittels Brandschutzwänden und massiven, dicht schließenden Rauchtüren in sogenannte Brandabschnitte unterteilt, die das Übergreifen eines Feuers verhindern sollen. Länger als 30 Meter darf ein solcher Brandabschnitt in Berlin nicht sein. Ein unbedarfter Laie wie ich hätte unsere Flure wohl einfach in der Mitte geteilt, was einen nicht geringen Vorteil mit sich gebracht hätte: Im Ernstfall hätten unsere betagten Bewohner beide Brandabschnitte über je ein eigenes Treppenhaus verlassen können. Allerdings wären diese beiden Brandabschnitte jeweils 31 Meter lang gewesen. Das jedoch lief den gesetzlichen Vorgaben zuwider.

Frau Flämmer verlangte also, die Flure der ersten und zweiten Etage in jeweils drei Brandabschnitte aufzuteilen, die nun immerhin schön kurz und rechts und links von Brandschutzwänden samt -türen eingefasst wurden. Folglich lag pro Etage ein Brandabschnitt in der Mitte, dessen

Bewohner ohne eigenes Notfalltreppenhaus auskommen mussten und bestens abgeschirmt waren. Sind die Durchgänge erst einmal zu, was machen die eingeschlossenen Alten dann? Werden sie die schweren, aus Sicherheitsgründen nur per Hand zu öffnenden Türen aufstemmen können? Eventuell müssten wir künftig ein spezielles Krafttraining anbieten. Obendrein erfuhr ich, dass Feuerwehrleute von Amts wegen keine über 80-Jährigen durch ein Fenster bergen dürfen. Wäre betroffenen greisen Bewohnern unserer Mittelabschnitte im Brandfall also selbst dieser Rettungsweg versperrt? Müssten sie an Ort und Stelle ersticken?

Um ehrlich zu sein, ich forschte nicht weiter nach. Ich befürchtete, sonst womöglich ein drittes Treppenhaus anbauen zu müssen. In meinen Augen waren die vielen Wände sinnlos. Aber ohne ein mustergültiges Brandschutzkonzept gab es keine Baugenehmigung.

Multikulti

Absolut nichts vorzuwerfen hatten wir uns in puncto interkultureller Vielfalt. Zeitweise wuselten 40 Handwerker aus aller Herren Länder im Haus herum. Es kamen Albaner, Italiener, Rumänen, Kroaten, Inder, Türken, Polen. Nur deutsche Handwerker bekamen wir höchst selten zu Gesicht. Dies war für uns einigermaßen überraschend, da wir bewusst lokale deutsche Firmen engagiert hatten, mit Ausnahme einer, deren Chef aus Italien stammte. Zwar wurde auf der Führungsebene der meisten Firmen Deutsch gesprochen, doch die Arbeit vor Ort erledigten keineswegs die Chefs. Die schickten nur Sub-, Subsub- oder Subsubsubunternehmer.

Unsere Handwerker-Community war derart international aufgestellt, dass wir uns mit kaum jemandem verständigen konnten. Es gab Tage, da fand sich auf der gesamten Baustelle niemand, der Deutsch oder auch nur Englisch sprach. Wenn wir wissen wollten, was jemand gerade tat und warum, waren wir gelackmeiert. Die Elektriker verstanden grundsätzlich keine unserer Fragen, auch wenn ich nie ganz das Gefühl loswurde, dass sie sich mit dieser Strategie nur Arbeit vom Hals halten wollten. Wir kriegten die Krise, weil Rohre an der falschen Stelle hingen, aber niemand verstand, wieso wir uns aufregten. Ventile wurden angebaut, wo sie nicht hingehörten, und wir erfuhren nicht warum. Am eigenen Leibe lernte ich, wie der Turmbau zu Babel gescheitert war. Wie zweckmäßig Gott vorging, indem er kurzerhand ein allgemeines Sprachwirrwarr anrichtete. Schon ging nichts mehr.

Brauchte ich unbedingt eine Auskunft, blieb mir meist nichts anders übrig, als die jeweiligen Firmenchefs anzurufen. Mehr als Ferndiagnosen waren bei ihnen natürlich nicht zu bekommen, aber immerhin. Wenn ich Glück hatte, waren sie zumindest einmal vor Ort, um die Baustelle in Augenschein zu nehmen. In meiner Praxis musste ich mich häufig mit noch weniger zufriedengeben. Wenn ich beispielsweise eine junge Syrerin mit Schwangerschaftsdiabetes auf Insulin einstellen sollte, ohne wenigstens Englisch mit ihr reden zu können, konnte ich auch keinen Vorgesetzten kontaktieren, um die Problematik durchzusprechen.

Eine Kommunikation der Handwerker untereinander war unter den gegebenen Umständen ebenso wenig möglich. Die unschöne Ausnahme bildeten Maler und Trockenbauer. Beide Gewerke wurden von rumänischen Kräften ausgeführt. Die Trockenbauer unterstanden dem italienischen Chef, bei den Malern führte eine Frau das Zepter, die gleichzeitig mitarbeitete. Schon das barg in der männerdominierten Handwerkerwelt Zündstoff. Dass sie dieselbe Sprache sprachen, führte mitnichten zu einträchtigen Plaudereien. Stattdessen brachen die Rumänen handfesten Streit vom Zaun. Einer aus der Malerriege war von Hause aus ebenfalls Trockenbauer und erlaubte sich, die Arbeit seiner Kollegen zu kritisieren. Zu Recht warf er ihnen vor, die Badzellen extrem schludrig verkleidet zu haben. Die Firma musste später vieles nacharbeiten und doppelte Arbeit verrichten. Der Pfusch war so massiv, dass die Maler ihn kaum übertünchen konnten. Alles endete in wüsten Flüchen und ging so weit, dass der Trockenbauer die Malerchefin lauthals beschimpfte und bedrohte. Weinend rief sie mich an.

Mir ging die Hutschnur hoch, so etwas wollte ich nicht dulden. Ich rief den Trockenbauerchef an, der gerade Urlaub in seiner italienischen Heimat verbrachte. Im Hintergrund tutterte ständig seine Frau, eine ältere Dame. »Bringen Sie Ihre Mitarbeiter zur Räson«, rief ich. »Wenn Sie nicht sofort für Ruhe sorgen, fliegen Sie von der Baustelle und ich suche mir jemand anderen.« Dass die Umsetzung meiner Drohung beim heutigen Handwerkermangel im Grunde ein Ding der Unmöglichkeit geworden wäre, ließ ich für den Moment außen vor. Zum Glück fruchtete meine Intervention. Nach dem Anruf in Italien blieb es auf meiner Berliner Baustelle fortan ruhig.

Tief im Osten

Lichtenberg ist ein Ostberliner Bezirk mit überalterter Bevölkerung. Ein gutes Viertel der Bewohner ist über 60 Jahre alt. Am Rosenfelder Ring dürfte dieser Prozentsatz noch höher liegen. Hier lebt noch ein Stück DDR. Ich wurde als reiche Tussi aus dem Westen wahrgenommen. Unser Autokennzeichen verriet jedermann, dass Hans-Werner und ich aus Flensburg kamen. Oft schlugen mir Ressentiments entgegen.

Gott sei Dank komme ich nicht aus dem Westen. Was für einen Unterschied das machte, bekam ich im Gespräch mit unserem Fußbodenleger mit. Zunächst hielt er mich für Hans-Werners Tochter. Als ich den Irrtum aufklärte und wieder einmal erzählte, warum ich dieses Haus baute, wer und woher ich war, änderte sich seine Haltung mir gegenüber schlagartig. War er vorher eher abweisend und wortkarg geblieben, plauderten wir fortan regelmäßig und vergnügt miteinander.

Ich bin Ossi und das aus Überzeugung. Ich wuchs in der DDR auf und ging in ebenso einen Kindergarten, wie er auf meinem Grundstück gestanden hatte. Mir wurde auch kein Reichtum in die Wiege gelegt. Alles, was ich besitze, habe ich mir selbst erarbeitet. Das sah mir nur keiner an. Umso deutlicher spürte ich während des gesamten Bauvorhabens die Notwendigkeit, mich im Osten als Ossi zu erkennen zu geben. Ob in Ämtern oder gegenüber den Mitarbeitern vieler Firmen – immer wieder half es, zu erklären, wer ich war.

Das Miteinander auf der Baustelle war sofort ein anderes, sobald ich erzählte, dass ich aus Ostberlin kam und mir nach der Wende alles hatte hart erkämpfen müssen. Ich bemerkte, dass Handwerker respektvoller mit mir umgingen, wenn sie mich mit Wischlappen oder Spaten herumwirtschaften sahen. Auf einmal war ich nicht mehr die reiche Tussi aus dem Westen. Manchmal störte es mich, meine ostdeutsche Herkunft heraushängen zu müssen. Ossi oder Wessi: Eigentlich sollte das egal sein. Gleichwohl half es im Berliner Osten, ein Ossi zu sein.

Natürlich nicht immer. Es gab Nachbarn und Anwohner, die unser Projekt jederzeit argwöhnisch verfolgten. Die hartnäckigsten wohnten im Elfgeschosser gegenüber. Eine Handvoll Rentner, die den lieben langen Tag beobachteten, was bei uns vor sich ging. Sie besaßen eine unwahrscheinliche Ausdauer und schienen mir in ihrer Amtshörigkeit noch ganz in der DDR verwurzelt. Wegen jeder Kleinigkeit riefen sie im Bauamt oder Planungsbüro an, stets bereit, uns anzuschwärzen. Als sie mitbekamen, dass Vorbereitungen getroffen wurden, auf dem Grundstück Bäume zu fällen, konnten sie es nicht fassen: »Sie wollen die DDR-Bäume fällen?!« Die Entrüstung war ehrlich, ich dagegen entgeistert. Meinen DDR-Personalausweis bewahre ich zwar nach wie vor auf, aber dass selbst Bäume einen haben, war mir bis dato unbekannt. Ich erklärte mich. Outete mich als Ostberliner Pflanze aus dem Friedrichshain. Zeigte Verständnis für gewisse Bedenken. Gleichzeitig musste ich darauf bestehen, dass aus den ehemals volkseigenen Bäumen unwiderruflich meine Bäume geworden waren und ich natürlich eine Genehmigung erlangt hatte, sie zu fällen.

Manch einer dieser Anwohner wurde regelrecht renitent. Als eine LKW-Ladung Muttererde angeliefert und abgekippt werden sollte, stellte sich ein wild gestikulierender Mann vors Fahrzeug und verwehrte den Weg in den Garten. Leider befand sich zu diesem Zeitpunkt niemand anderes vor

Ort, der dem Ganzen hätte Einhalt gebieten können. Dem Fahrer war es letztlich schnuppe, wo er seine Erde abkippte. Kurzerhand ließ er sie am Straßenrand zurück. Was nichts anderes bedeutete, als dass wir den riesigen Berg Muttererde anschließend Schaufel für Schaufel und Schubkarre für Schubkarre an die vorgesehene Stelle verfrachten mussten. Währenddessen standen wieder verärgerte Elfgeschosslinge auf der Matte. »Wie kann dit sein, dass hier einfach Erde auf die Straße jekippt wird?«, ätzte eine Dame. Ich flippte aus. »Sie können den Herrn gern ausfindig machen, der das verursacht hat, und sich bei ihm beschweren! Könnte Ihr Nachbar gewesen sein«, polterte ich. Erfolgreich brachte ich mich aus der Schusslinie. Dieses eine Mal hatte die Rentnerwehr aus dem Plattenbau ein Einsehen und entschuldigte sich sogar für die Beschwerde.

Wir karrten die gute Erde also per Hand an ihren vorherbestimmten Ort. 300 Stauden auf einem Autoanhänger im Schlepptau und einen exakten Pflanzplan in der Tasche, konnte ich mich eines Tages endlich an die Gartengestaltung machen. Ich schuftete zwei volle Tage lang. Das Ergebnis konnte sich sehen lassen. Nicht nur unsere Bewohner spendeten Beifall. Wir erwischten gelegentlich sogar Anwohner aus der Nachbarschaft auf unserem Grundstück. »Wir wollten auch mal in dem schönen Park sitzen«, gaben sie kleinlaut zu.

Unsere Lieblingsnachbarn gaben derweil keine Ruhe. Nicht einmal, als der Bau fertig war. Eines Tages erhielt ich den Anruf eines Bezirksverordneten, bei dem Beschwerden über unsere Außenbeleuchtung eingegangen waren. Angeblich blendeten die Lampen und ließen gebeutelte Anwohner, die offensichtlich noch nie etwas von Vorhängen oder Gardinen gehört hatten, nicht schlafen. Der freundliche Abgeordnete kam persönlich vorbei, um sich ein Bild von der Lage zu verschaffen. Er fand nichts Anstößiges an unserer Beleuchtung, zumal wir verpflichtet waren, für Krankenwagen und Einsatzfahrzeuge eine gewisse Sichtbarkeit zu gewährleisten. Ohnehin störten wir die Nachtruhe unserer Nachbarn nur bedingt, denn um 22 Uhr schaltete sich die Beleuchtung automatisch ab. Im Gegensatz zu der unserer Nachbargebäude. An den Eingängen des Elfgeschossers, in dem die Beschwerdeführer wohnten, brannte die ganze Nacht hindurch grelles, kaltweißes Licht.

Bedienung auf Polnisch

Für die Elektrik beauftragten wir ebenfalls eine Berliner Firma. Sie sollte sämtliche Kabel ziehen, sich um Licht, Steckdosen und Rollläden kümmern, Bewegungsmelder, Lüfter, Außenbeleuchtung und Mediensteckdosen installieren. Auf der Baustelle erschienen zwei Mitarbeiter eines polnischen Subunternehmens. Sie erinnerten mich an das Komikerduo Pat und Patachon: immer im Zweierpack auftauchend, einzeln anscheinend nicht lebensfähig, stets etwas neben der Spur. Deutsch sprachen die Elektriker kaum, dafür verbrachten sie die meiste Zeit mit essen. Auf ihrem improvisierten Styroporplattentisch stapelten sich Wurst- und Käsepackungen, Butter und Brot. Sogar eine kleine Mikrowelle schafften sie herbei.

Als Diabetologin konnte ich Pat und Paterchons Ernährungsgewohnheiten nicht gutheißen. Ihr prall gefüllter Speiseplan hätte einer dringenden Überarbeitung bedurft. Andererseits werden wir Diabetesexperten nicht arbeitslos, solange es solche massenhaft Ungesundes in sich hineinstopfenden Vielfraße gibt. Ich hätte über ihre ausgedehnten Essenspausen sogar hinwegsehen mögen, wäre das eigentliche Versprechen ihrer Anwesenheit auf der Baustelle eingelöst worden.

Völlig naiv nahm ich an, dass gelernte Elektriker eine Gegensprechanlage ordnungsgemäß verkabeln und passende Lüftungsschalter einbauen können. Weit gefehlt. Nicht nur eine Anlage wurde unsachgemäß angeschlossen, nicht nur ein Schalter falsch angeschraubt. Es gab im Grunde fast nichts, was die Elektriker nicht zwei Mal einbauen mussten. Bis heute ist mir schleierhaft, wie eine Firma auf diese Tour Gewinn erwirtschaften kann. Ihren Stil hielten Pat und Paterchon konsequent durch. Die zahlreichen Rollläden auf der Südseite unseres Hauses schlossen sie derart überkreuz an, dass der rechte Laden herunterkam, wenn man den linken hochfahren wollte, und umgekehrt. Der Sicherungskasten, den sie im Elektroraum montiert hatten, ließ die Abgesandten des Stromnetzbetreibers beinahe aus den Latschen kippen. »Nee, Leute, da macht ihr bitte einen vernünftigen Schrank draus!«, hieß es beim Abnahmetermin barsch. Mir persönlich leuchtete ein, dass die Kontrolleure aus Brandschutzgründen einen Ausbau empfahlen, der gängigen Sicherheitsstandards entsprach. Also wurde alles demontiert und wieder von vorn begonnen.

Steckdosen, die für die Staubsauger der Reinigungskräfte vorgesehen waren, bauten die Elektriker in 2,20 Metern Höhe unter die Decke. Als ich sie in angestammter Höhe suchte und schließlich gen Himmel blicken musste, blieb mir die Spucke weg. Wer tut so etwas? Wer soll da rankommen? War dieses Niveau an Absurdität erreicht, redeten sich seine Urheber damit heraus, dass die betreffende Leistung sowieso nicht Teil des Auftrags gewesen sei. Das war schlichtweg gelogen. Dennoch mussten mein Mann und die Architektin die Angelegenheit prüfen, die Aufträge durchgehen und der Firma die Sachlage unter die Nase reiben. Erst dann wurden die Kanäle neu in die Wände gefräst, die Kabel eingelegt und die Staubsaugersteckdosen an einer Stelle angebracht, an der sie der gesunde Menschenverstand erwartet.

Die installierten Bewegungsmelder waren als sinnvolle Alltagshilfe gedacht. Das Licht sollte sich einschalten, wenn Bewohner nachts die Toilette aufsuchen oder jemand über den Flur geht. Eine tolle Erfindung. Doch durch den Eingriff der Elektrofirma wurde es taghell im Zimmer, sobald man im Schlaf mit dem großen Zeh wackelte. Das trug eher wenig zum Wohnkomfort bei. Zum Glück bemerkte ich den Unfug noch rechtzeitig, denn ich nächtigte ab und zu in einer Musterwohnung. Um kein neues Unglück heraufzubeschwören, übertrug ich es kurzerhand unserem Hausmeister, sämtliche 67 Bewegungsmelder korrekt zu justieren.

Die Außenbeleuchtung unserer beiden Häuser sollte über eine Zeitschaltuhr gesteuert werden, die wir ab und zu auf die wechselnden Tages- und Nachtlängen abstimmen mussten. Wir scheiterten an dieser Aufgabe, denn uns fehlten die nötigen Sprachkenntnisse. Anweisungen und Einstellungen des Gerätes blinkten auf Polnisch. In gewisser Weise war das wohl logisch, schließlich kamen die ausführenden Elektriker aus Polen. Davon abgesehen blieb die Funktionalität der Anlage auch nach der Sprachkorrektur mangelhaft, sodass ortsunkundige Krankenwagenfahrer das Haus und seine auf medizinische Hilfe wartenden Bewohner mitunter nicht fanden. Man sieht: Nicht nur Pfusch von Ärzten, auch Pfusch am Bau kann Menschenleben gefährden.

Manche Fehlleistung der beiden Schießbudenfiguren entdeckten wir erst spät. Als die erste Wohnung an Telefon und Internet angeschlossen werden sollte, bemerkte ein Techniker, dass die Mediensteckdose völlig falsch verkabelt worden war. Unsere Befürchtung, es könnte sich womöglich nicht nur um einen Ausrutscher handeln, bestätigte sich umgehend: In ausnahmslos allen Wohnungen hatten Pat und Patachon denselben Mist gebaut.

Einer ihrer besten Schildbürgerstreiche gelang bei den Klingeln neben den Wohnungstüren. Zunächst vergaßen sie

sie ganz. Als sie sich schließlich doch ans Werk machten, lief das Duo zu Hochformen auf. Jeder kennt die klassischen Türklingeln: kleine rechteckige Kästchen mit Namensschild und Klingelknopf. Kein noch so großer Depp würde auf die Idee kommen, sie senkrecht an die Wand zu montieren. Außer unsere beiden Spaßvögel. Dabei hinterließen sie wie immer viel Dreck. Betonbrocken und Staub mussten aus Fluren und Wohnungen beseitigt werden. Ich verrenkte mir den Hals, als ich den Murks begutachtete. Wer liest denn hierzulande von oben nach unten, wenn es darum geht, beim Besuch die richtige Person ausfindig zu machen?

Als die Klingeln um 90 Grad gedreht wurden, kamen schiefe Bohrungen zum Vorschein, die verputzt und verspachtelt werden mussten. Leider waren die Flure zu diesem Zeitpunkt bereits frisch gestrichen. Neben jeder Wohnungstür prangte nun ein grauer Fleck an der weißen Wand. Wieder wurde gebohrt, wieder war alles dreckig, wieder putzte ich eigenhändig alles durch. Zu allem Überfluss schrappten die behäbigen Handwerker einmal mehr mit ihren dicken Bäuchen über die blütenweißen Wände und hinterließen unübersehbare Spuren ihrer Anwesenheit. Und neue Arbeit für die Maler.

Man hätte das alles für einen prima Scherz halten können, wären wir bei den Dreharbeiten für eine Seifenoper oder eine Unterhaltungsshow gewesen. Die beiden Elektrokomiker sollten ernsthaft über einen Berufswechsel nachdenken, denn als Witzfiguren waren sie unschlagbar. Allein ihre Antwort auf unsere über Monate drängend und drängender werdende Frage, wann sie denn endlich fertig sein würden, war ein vollendeter Running Gag: »Diese Woche Freitag«, hieß es stets und das seit Januar 2023. In dem

Moment, in dem ich diese Zeilen niederschreibe, ist das Haus bereits über ein Jahr in Betrieb. Die letzten Schnitzer unser Starelektriker sind jedoch immer noch nicht behoben.

Teppich für einen Tag

Der Endspurt begann im September 2022. Je näher der Fertigstellungstermin rückte, desto mehr gerieten wir in Zeitnot. Vieles lief parallel. Stellenweise ging es drunter und drüber. Die Maler ruinierten das frisch verlegte Linoleum. Die Trockenbauer demolierten den nigelnagelneuen Aufzug, bevor der erste Bewohner das Haus von innen gesehen hatte. Kein Handwerker sah sich genötigt, auf die Arbeit des anderen Acht zu geben. Offizieller Fertigstellungstermin war der 30. März 2023. An diesem Tag sollte alles erledigt und die Handwerker sollten verschwunden sein. Einen Tag der offenen Tür hatten wir nahtlos für den 1. April angesetzt. Interessierte und potenzielle Bewohner sollten umgehend einen Eindruck gewinnen und sich direkt für eine Wohnung anmelden können. Langfristig hatten wir den Termin bekannt gemacht und beworben, ohne dabei an einen Aprilscherz zu denken.

Gott allein weiß, warum wir noch immer so gutgläubig waren. Denn nichts war fertig. Am 27. März hatte das halbe Erdgeschoss noch keinen Fußbodenbelag. Der zentrale Aufenthaltsraum diente als Abstelllager für die Geräte der Elektriker und Trockenbauer und sah entsprechend aus. Ums Haus herum herrschte Chaos. Die Terrasse war nicht einmal zu erahnen, die Fußwege waren nicht gepflastert und an einen durchgängigen Rasen und an schöne Pflanzen war gar nicht zu denken, denn überall stand Baumaterial im Garten herum.

Verschieben konnten wir den Termin nicht mehr. Zu allem Übel regnete es in Strippen. Alles versank im Schlamm. Spontan kauften wir im Baumarkt einen 30 Meter langen grünen Kunstrasenteppich, den wir über dem Matsch drapierten, damit die Besucher, wenn nicht trockenen, so doch sauberen Fußes vorwärtskamen. Eine lohnende Investition, wie sich zeigen sollte. Trotz ungünstiger Wetterbedingungen kamen scharenweise Neugierige. Einige hatten sich für einen Besichtigungstermin angemeldet, die große Masse aber schneite spontan vorbei. Unter den Gästen fanden sich viele Nachbarn aus dem Elfgeschosser. Sie wollten wohl sehen, warum und wofür sie in den letzten Monaten so gelitten hatten. Nachdem sie uns mit ihren ewigen Eingaben und Beschwerden das Leben schwer gemacht hatten, wollten sich manche nun vorsorglich einen Platz auf der Warteliste sichern. Mitte 80-Jährige interessierten sich für Wohnungen, in die sie in zehn oder zwanzig Jahren einziehen wollten. »Jetzt brauche ich das noch nicht!« Typisch alte Leutchen. Als ich einer 94-Jährigen, die erkennbar unsicher auf den Beinen war, die Nutzung eines Rollators empfahl, wies sie das weit von sich: »Da sehe ich ja so alt aus!«

Ich verstehe, dass Menschen mit dem Einzug in ein Heim oder in Betreutes Wohnen hadern. So eine Entscheidung fällt nicht leicht. Wer sie trifft, weiß, dass aller Voraussicht nach der letzte Lebensabschnitt beginnt. Das letzte Mal Kistenpacken, das letzte Mal Durchfegen. Umso positiver überraschte uns das große Interesse beim Tag der offenen Tür. Leicht überfordert gingen wir in den Reisegruppenmodus über. Den ganzen Tag führten mein Mann, mein Sohn und ich Gruppen von jeweils fünf oder sechs Leuten durch das halbfertige Gebäude und zwei Musterwohnungen. Die immerhin waren fertig eingerichtet und verströmten Gemütlichkeit. Zwar konnten wir »Haus Irene« nicht ganz in dem Zustand präsentieren, den wir uns vorgestellt hatten, aber inzwischen hatten wir gelernt, Abstriche zu machen und trotzdem zu lächeln. Noch Monate später sollten sich die ersten Bewohner beim Einzug über Schotterpisten quälen müssen.

Nach einem anstrengenden Tag machten wir gegen 19 Uhr Feierabend und rollten unseren neuen Kunstrasen ein. Da er dreckig und nass war, ließen wir die dicke Rolle in einem der Bäder stehen. Der Teppich war uns von großem Nutzen gewesen. Lange hielt die Freude an ihm jedoch nicht an, jedenfalls nicht bei uns, den rechtmäßigen Besitzern. Schon am nächsten Morgen war er verschwunden. Einer der Handwerker hatte ihn wohl mitgehen lassen. Nur sie kannten den Zahlencode des Schlüsseltresors.

Energiewende à la Deutschland

Unsere beiden Gebäude wurden wärmeisoliert. Hochisoliert. Wenn wir heute an Weihnachten einen Adventskranz anzünden, ist die Bude warm. Das ist beeindruckend. Wir erfüllten überhaupt sämtliche Kriterien, um in den Genuss der höchsten Förderquote der Kreditanstalt für Wiederaufbau zu kommen: KfW Effizienzhaus 40 plus, Spitzenstandard in Sachen Energieeffizienz. Beeindruckender Name.

Selbst »Haus Anna«, der ehemalige DDR-Kindergarten, kam energetisch auf den neuesten Stand. Wo früher eine Gasheizung stand, prangt heute eine hochkomplexe Fernleitungswärmestation. Isolierung und Heizwärme aus erneuerbaren Energien allein langten aber nicht, um das ausgezeichnete Energieeffizienzniveau zu erreichen. Zusätzlich fuhren wir eine Menge Erde und Saatgut aufs Dach, um es ökologisch wertvoll und regenwasserbindend zu begrünen. In einem zweiten, nicht unwesentlichen Schritt wollten wir auf dem supergrünen Dach eine Photovoltaikanlage installieren lassen. Sie sollte die Krönung unserer umweltfreundlichen Bestrebungen sein. Erst mit dieser Photovoltaikanlage würden wir ein vollwertiger Teil der Energiewende, die die deutsche Politik ausgerufen hatte.

So die Theorie. Die Probleme begannen, als die zuständige Firma anrückte. Bisher hatte sie nur Einfamilienhäuser ausgestattet. Unsere Anlage war eine Nummer größer. Ihre Kapazität betrug exakt 99 Kilowattstunden. Nur eine mehr – sie wäre offiziell ein Kraftwerk und im Zuge der Energiewende zu viel des Guten gewesen, nämlich: verboten.

Die ersten Arbeiten auf dem Dach begannen im Mai 2023, im Juli waren die Paneele montiert. Das hieß allerdings nicht, dass wir bereits mit Sonnenenergie kochen konnten. Strom floss zunächst keiner. Geschlagene neun Monate mussten wir uns gedulden, bis endlich alle Hürden beseitigt waren. So lange bezogen wir weiterhin konventionellen Strom, was eine Menge Geld kostete und kaum ökologisch wertvoll war. Diese unnützen Ausgaben verdankten wir den inkompetenten Firmen, die mit der Montage betraut waren.

Wir planten Solarpaneele auf dem Altbau- und dem Neubaudach. Die für die Photovoltaik zuständige Firma musste sich eng mit den Elektrikern abstimmen. Die Kommunikation klappte wenig bis gar nicht. Monatelang redeten die Beteiligten aufeinander ein, aneinander vorbei oder gar nicht miteinander. Ständig funktionierte etwas nicht, fehlte oder war falsch geplant. Die Montage auf dem Altbau etwa sollte ohne Gerüst vonstatten gehen. Plötzlich wurde doch eines benötigt. Es aufzutreiben, nahm zwei Monate in Anspruch. Die Arbeiten holperten vor sich hin.

Wie viele Solarpaneele wir bekamen, wo und wie sie befestigt und angeschlossen werden mussten, war Sache der Firma. Auf einmal hingen überall Leitungen vom Dach. Wie die vielen Kabel am Haus herunterzuführen waren, hatte sich im Vorhinein leider niemand überlegt. Spontan verfielen die Installateure auf die glorreiche Idee, Regenrohre umzufunktionieren. Das kam mir spanisch vor. Aufgrund eines einzigen unvorschriftsmäßig ausgeführten Details konnte uns leicht die KfW-Förderung flöten gehen. Das wollte ich auf keinen Fall riskieren, denn es ging um richtig viel Geld. Ich bestellte einen Gutachter, der die Angelegenheit prüfen sollte. Er verdonnerte die Solarfirma dazu, durch Rohre führenden Kabel ordnungsgemäß zu befestigen und zu sichern. Darüber, dass ich Leute bezahlen musste, damit sie kontrollierten, ob Firmen korrekt ablieferten, wofür ich diese ebenfalls bezahlte, machte ich mir inzwischen keine Gedanken mehr. Hauptsache kein weiteres Desaster.

Einzig und allein, weil ich mich mit dem zuständigen Mitarbeiter beim Stromnetzanbieter bestens verstand, bekamen wir einen ersten Abnahmetermin für die Anlage auf dem Neubau schon im Februar 2024. Dass seit dem Abschluss der entsprechenden Verträge mit der Photovoltaikfirma bis zu dieser Abnahme über ein Jahr vergehen musste, war nicht zuletzt der Tatsache geschuldet, dass das Unternehmen die vorgeschriebenen Anmeldungen teils gar nicht, teils fehlerhaft eingereicht hatte. Nur zufällig hatte ich dies bei einem meiner Telefonate mit dem Netzbetreiber mitbekommen und war sofort allen Beteiligten aufs Dach gestiegen. Im wahrsten Sinne des Wortes. Der nun anstehende Abnahmetermin führte leider zu keiner Abnahme, da sich sowohl Elektriker als auch die Photovoltaik-Firma derart gravierende technische Fehler geleistet hatten, dass die Kontrolleure auf der Stelle kehrtmachten. Erst im April 2024 war die Stümperei beseitigt, sodass die Anlage ans Netz durfte.

Inzwischen produzieren wir tatsächlich eigenen Strom, Strom aus einer erneuerbaren Energiequelle. Wir wurden zu Vorreitern in der Energiewende! Teilweise zumindest. Die größere der beiden Anlagen mussten wir von vornherein auf 60 Prozent ihrer potenziellen Leistung drosseln. Das war die Vorgabe, eine weitere Groteske. Begründet wurde die Drosselung mit der Notwendigkeit, einer Überlastung des städtischen Stromnetzes vorzubeugen. Konnte das Berliner Stromnetz tatsächlich an seine Kapazitätsgrenzen stoßen, wenn wir überschüssigen Strom aus ein paar Lichtenberger Solarpaneelen einspeisten? Anscheinend! Diese verblüffende

Gefahr drohte jedoch überhaupt nicht, weil wir nämlich gar nicht planten, irgendwelchen grünen Strom einzuspeisen.

Die Sachlage war diese: Als Nutznießer einer KfW-Förderung durften wir unseren Strom ausschließlich selbst verbrauchen. Was stets unsere Absicht war, einerseits. Was aber passierte, wenn unser Fastkraftwerk überschüssigen Strom produzierte? Ich lernte: Es war verboten, ihn ins Netz einzuspeisen. Als Empfänger einer staatlichen Förderung sollten wir mit der geförderten Anlage keinen Profit erwirtschaften. So weit konnte ich folgen. Auf mein solidarisches Angebot hin, ihn umsonst abzugeben, erfuhr ich, dass auch das verboten war! Keine Geschenke ökologisch vorbildlich erzeugter Energie. Droht ein Stromüberschuss, müssen wir unsere Anlage unverzüglich abschalten.

Das war absurd, aber wenigstens bekam die vorgeschriebene Kapazitätsgrenze unserer Anlage nachträglich einen Sinn. Wir hätten auf unserem Dach mehr Strom produzieren können, aber nicht gewusst, wohin damit. Natürlich kann man diesen nicht eingespeisten Strom, der niemanden auch nur einen Cent kostet, an anderer Stelle aus Kohle oder Öl erzeugen. Mit den bekannten Kosten für Verbraucher und Umwelt. So geht die Energiewende à la Deutschland.

Die Arbeit macht mein Mann

Gut, wenn man außer einem Planungsbüro auch einen Mann hat. Noch besser, wenn er einmal Bauunternehmer war. Zwar kassierte unser Planungsbüro rund eine halbe Million Euro und befasste eine Architektin in Vollzeit nur mit unserem Projekt. Sechs Jahre lang waren sie und die Firma Teil meines Lebens. Der ständige Handwerkerpfusch einerseits und Hans-Werners Perfektionismus andererseits kosteten sie eine Menge Geduld. Mit Abertausenden Mails hielt Hans-Werner das Büro auf Trab. Nichtsdestotrotz blieb ein Großteil der Arbeit an ihm hängen. Ohne ihn hätte ich dieses Projekt nicht gestemmt.

Ich hatte Hans-Werner beim Tauchen auf den Malediven kennengelernt. 2014 heiratete ich ihn, meine dritte Ehe. Meine beiden ersten Männer hatten sich nicht weiterentwickelt, waren stehengeblieben, es hatte irgendwann nicht mehr gepasst. Mit Hans-Werner ist das anders, ihn werde ich kaum noch überholen. Er war nicht nur beruflich extrem erfolgreich, er verfügt auch über ein enormes Allgemeinwissen. Bei alldem blieb er bodenständig und bescheiden. Zwei Jahre nach der Hochzeit zog ich zu ihm nach Flensburg, verkaufte mein Haus und meine Praxis in Berlin und fing noch einmal neu an.

Als die Hausbaufrage aufs Tapet kam, redete Hans-Werner mir zu. Ich zweifelte anfangs. »Bist du sicher, dass wir das tun sollten?«, fragte ich. Wenn es um hohe Schulden ging, war ich noch immer Ossi: Sie widerstrebten mir. Ich hätte ja auch alles, wie es war, verkaufen und mit dem Erlös bis zum Ende meines Lebens aussorgen können. »Das alles wird nicht weniger wert sein, wenn wir noch etwas Neues drauf bauen«, antwortete Hans-Werner stattdessen. Gott sei Dank wusste wenigstens einer von uns beiden, was er tat. Bis zu seinem Ruhestand hatte mein Mann ein Leben lang Energiesparhäuser geplant. In denen waren Wärmepumpen schon Standard, als in Deutschland noch kaum jemand wusste, was das ist. Inzwischen hatte Hans-Werner seine Firma verkauft. Er besaß deshalb nicht nur eine einmalige Expertise, sondern auch Zeit, sich in unserer Berliner Projekt einzubringen. Ich selbst schob zunächst noch 50-Stunden-Wochen in der Praxis und setzte mich erst im April 2023 zur Ruhe. Alle vier Wochen hatte ich freitags frei. Dann fuhr ich am späten Donnerstagabend nach Berlin und blieb bis Sonntag. Das waren die Tage, an denen ich vor Ort die Baustelle auf Vordermann zu bringen versuchte, Amtsstuben aufsuchte, Handwerker zurechtwies, Stauden pflanzte, das Haus putzte. Erholen konnte ich mich so gut wie nie.

Hans-Werner saß in Flensburg täglich bis zu acht Stunden im Homeoffice und überwachte den Baufortgang. Sogar am Wochenende. Ein Vollzeitjob. Er behielt den Überblick und wusste, welche mitunter massiven Verzögerungen drohten, wenn bestimmte Arbeiten nicht abgeschlossen wären. Er schrieb Tausende E-Mails. Trat ununterbrochen der Architektin ins Kreuz. Nur was man schriftlich hat, zählt – das war seine Devise. Sie tat mir fast leid. Andererseits hatte das Architekturbüro eine Rundumbetreuung zugesagt. Im Gegensatz dazu hing die Architektin nebenbei in anderen Projekten. Das schmeckte uns gar nicht. Ohne Hans-Werner wäre Gott weiß was in die Hose gegangen. Planungsbüro hin oder her: Den nötigen Druck aufbauen mussten oft genug wir selbst.

Wir liefen jedem die Bude ein. Riefen überall an, hakten nach, drängten. Wir machten die entscheidenden Leute ausfindig. Wir nervten. Drohten mit der Presse. Hätten wir und insbesondere mein Mann nicht an vorderster Front gekämpft, wäre das Haus kaum fertig geworden. Wahrscheinlich stünde es bis heute nicht.

Hans-Werner kannte jede Schraube im Haus. Wenn er nachts nicht schlafen konnte, lief er in Gedanken die Flure und Wohnungen ab. Er bemerkte Mängel, Fehler und drohende Komplikationen, die ich total übersehen hätte. Wie viele Nerven uns dieser Bau kostete, kann man kaum bemessen. Wir machten drei Kreuze, als es vorbei war. Viel länger hätten wir den Stress nicht ausgehalten. Unsere Beziehung wurde gehörig in Mitleidenschaft gezogen. Es blieb nicht aus, dass zwischen meinem Mann und mir die Fetzen flogen. Einmal kam es gar zu einem heftigen Krach wegen unserer rumänischen Malerchefin. Sie kam mit meinen klaren, lautstarken Ansagen schwer zurecht. Gleichzeitig ließen sowohl die Qualität als auch die Intensität ihrer Arbeit zu wünschen übrig. Gern schob sie vor, eine schwere Kindheit gehabt zu haben. Eines Tages packte sie nach einer scharfen Auseinandersetzung mit Robert und mir ihre sieben Sachen und verschwand auf Nimmerwiedersehen. Hans-Werner nahm sie in Schutz, versuchte, mich zu einer Entschuldigung zu bewegen. Ich aber blieb stur, fühlte mich 100-prozentig im Recht – und zu 99 Prozent waren die Malerarbeiten gottlob abgeschlossen.

Statistisch steigt die Scheidungsrate von Ehepaaren im Zuge eines gemeinsamen Hausbaus signifikant an. Ich weiß jetzt, warum. Dass dieser Kelch an Hans-Werner und mir vorüberging, ist höchstwahrscheinlich unserer klaren Aufgabenteilung zu verdanken. Sie erwies sich für unsere Beziehung als ungemein förderlich. Ohne sie hätte es mit

Sicherheit weitaus mehr ernsthafte Auseinandersetzungen gegeben. Da ich die Bedürfnisse älterer Menschen von Berufs wegen kenne, behielt ich die medizinisch sinnvollen Standards und Einbauten im Auge. Außerdem war ich diejenige, die die unangenehmen Telefonate führte, wenn wieder einmal etwas anbrannte. Es empfahl sich, dass die Bauherrin persönlich anrief. Um alles andere kümmerte sich mein Mann und ich redete ihm schlicht nicht rein. Nach der Arbeit in der Praxis brachte mich Hans-Werner allabendlich auf den neuesten Stand. Anträge, Formulare und sonstige Dokumente, die er mir hinhielt, unterschrieb ich blind. Für mehr fehlte die Kraft. Mein grenzenloses Vertrauen in meinen Mann und seine Weitsicht ersparten mir zahllose Strapazen.

Einen Urlaub konnten wir höchst selten einschieben, wir waren nur für unser Haus da. Auf langen Spaziergängen versuchten wir, Kraft zu tanken. Eine Verjüngungskur war das Projekt bestimmt nicht. Nach eigener Aussage hatte Hans-Werner selbst in seinen Jahren als Firmenchef keine so harten Zeiten erlebt, nie so viel Ärger ertragen müssen wie mit dieser Berliner Baustelle. Nur aus Liebe zu mir tat er sich das alles an, sagt er. »Ich habe dieses Haus für dich gebaut.« Er stürzte sich volle Kanne in das Projekt. Als ich noch kaum realisierte, was auf uns zukommen würde, standen schon vier prall gefüllte Aktenordner in seinem Schrank. Niemand steckte mehr Zeit in dieses Haus. Nach allem, was wir erlebten, gebe ich zu: Das muss wahre Liebe sein.

Was mir persönlich dabei half, durchzuhalten, war meine Kämpfernatur. Die liegt in unserer Familie. Mein Vater war ein echtes Arbeitstier. Mein Großvater versteckte Flüchtlinge vor den Nazis und riskierte Verfolgung und Knast.

Der andere Großvater kämpfte sich mit schwersten Kriegsverletzungen zurück ins Leben. Mir liegt das Aufgeben ebenso wenig. Mein Leben lang erkämpfte ich mir, woran ich glaubte. Ich bin überzeugt, dass man ausgesprochen viel erreichen kann, wenn der Wille dazu stark genug ist. Stets biss ich mich durch. Ich lasse mich schwer abwimmeln und ungern bevormunden. Wenn es sein muss, trete ich äußerst selbstbewusst auf. Allerdings würde ich jedem, der nicht so hartnäckig ist, von Projekten wie dem hier beschriebenen abraten. Ich erwähnte es zu Beginn: Bauen in Berlin ist nichts für Feiglinge. Wahrlich nicht. Wäre ich weniger hartgesotten, hätte ich spätestens nach einem halben Jahr das Handtuch geschmissen.

Ende gut, alles gut?

Zusammen schafften wir es. Ausgelaugt schleppten wir uns über die Ziellinie. Heilfroh, dass es vorbei war. Wenn ich allein an die zweieinhalb Jahre zurückdenke, die es dauerte, die Baugenehmigung zu bekommen! Die Hälfte meiner Energiereserven war dafür draufgegangen. Es dauerte ein bisschen, bis ich begriff, dass dieses Haus mein Haus war.

Nicht nur, was wir geleistet hatten, wurde mir nach und nach bewusst. Sondern auch, wie mich das Projekt verändert hatte. Als ich mich einmal in Verhandlungen um Nachforderungen der Photovoltaikfirma einmischte, wurde die Szene für mich zu einem Schlüsselmoment der Selbsterkenntnis. Nach all dem verursachten Murks wollte die Firma 30.000 Euro Aufgeld einstreichen. Hans-Werner bot 20.000 Euro an, doch der Geschäftsführer beharrte auf seiner Forderung. Da drehte ich mich zu ihm um und schleuderte ihm entgegen: »Ich mache Ihnen jetzt ein letztes, aber wirklich allerletztes Angebot: Sie bekommen 25.000 Euro. Und dafür, dass ich Ihnen gegenüber eingeknickt bin«, schob ich zerknirscht hinterher, »darf ich mir nun die gesamte Heimfahrt über von meinem Mann Vorwürfe anhören.« Skeptisch sah mich der Geschäftsführer an. »Ich glaube ja vieles, aber das ganz sicher nicht.« Die Rolle der querschießenden Gehilfin nahm er mir nicht ab. Erst in diesem Moment wurde mir bewusst, dass andere mich längst anders einschätzten als ich mich selbst. Tougher, wie es heute heißt.

So blauäugig wie vor dem Bau bin ich tatsächlich nicht mehr. Da ich zuvor keine schlechten Erfahrungen gemacht hatte, war es mir nie zur Gewohnheit geworden, andere zu kontrollieren. Nachzuprüfen, ob jemand gründlich gearbeitet hatte, war mir nie in den Sinn gekommen. Das ist jetzt definitiv anders. Im Zuge meiner Bauherrentätigkeit wurde ich konfrontativer. Sarkastischer. Desillusioniert von der öffentlichen Bürokratie sowieso. Aber auch bestimmter und überzeugender. Schlauer, sicherer und reifer. So manch ein Desaster hatte womöglich sogar sein Gutes. Ich wuchs an meinen Aufgaben. Inzwischen bin ich richtig stolz.

Unser Architekturbüro setzte zum ersten Mal ein Projekt dieser Größenordnung um. Auch dort war man erschüttert darüber, was sich manche Firmen an Pfusch geleistet hatten. Natürlich hätten wir uns viele Auseinandersetzungen erspart, hätten wir einen Generalunternehmer beauftragt. Dieser wäre dafür zuständig gewesen, sich mit Subunternehmern und Vertragspartnern herumzuärgern. Doch erstens wäre das spürbar teurer gewesen und zweitens hätten wir keinerlei Überblick gehabt. Mein Mann kannte einige Firmen, von denen er nicht nur Rabatte bekam, sondern vor allem wusste, dass sie ordentlich arbeiteten. Das war Gold wert. Wir konnten Empfehlungen nachgehen, Wünsche äußern, waren immer am Ball. Mit einem Generalunternehmer wäre das unmöglich gewesen.

Das Ergebnis war die Mühe wert, trotz allem. Nach dem dramatischen Auf und Ab gibt es ein Happy End. Entstanden ist ein wunderbares Haus. Lebten sie noch, würde ich meine Eltern einziehen lassen. Der Vater meiner besten Freundin wohnt bei uns. Inzwischen sind wir voll belegt. Bei schönem Wetter sitzen die alten Leutchen nach dem Essen zusammen auf der Terrasse und gucken ins Grüne. Sind wir gerade in Berlin, sitzen auch wir dabei. Abends bilden sich Kartenspielrunden. Im Aufenthaltsraum ist Betrieb, die Fernsehecke ist meist besetzt. Eine Bewohnerin schält in der Küche regelmäßig Kartoffeln. Es entwickelt sich eine Gemeinschaft. Niemand vereinsamt. Das freut und tröstet mich. Nach wie vor übernachten wir bei unseren Besuchen in der Musterwohnung. Wenn wir morgens noch verschlafen auf den Flur schlappen und allseits freundlich begrüßt werden, macht sich jedes Mal großer Stolz in mir breit. Der Stolz auf mein Haus.

Selbst der Garten drumherum mauserte sich Schritt für Schritt und wurde genauso schick wie das Gebäude, das er umschließt. Wir legten Nachpflanzungen im Wert von ungefähr 50.000 Euro an. Welcher Baum wie viel wert ist, was und wo genau gepflanzt werden darf, legte selbstverständlich das Grünflächenamt fest. Dem Anschein nach handelt es sich dabei um ein hochkompliziertes Feststellungsverfahren, das zum Zeitpunkt der Fertigstellung dieses Buches noch immer nicht abgeschlossen war. Den Baumarten müssen finanzielle Gegenwerte zugeordnet und Stammumfänge zentimetergenau abgeglichen werden. Ob am Ende alles in Ordnung ist, weiß kein Mensch vorherzusehen. Ich warte auf den Sankt Nimmerleinstag, an dem der abschließende Bescheid des Grünflächenamts bei mir eintrudelt. Wie immer er lauten mag – schockieren kann mich nichts mehr.

EPILOG

Schlimmer geht immer

Scherz beiseite: Ständig wird geklagt, dass in Deutschland zu wenig und zu langsam gebaut wird. Ich persönlich ahne inzwischen, woran das liegt. Mein Vertrauen in Ämter und Behörden ist vollständig verlorengegangen. Ich bin überzeugt, dass sie die Hauptverantwortung für den Baustau tragen. Weil sie Verhinderungspolitik betreiben, wie mein Mann sagt. Es stimmt: Sie bewilligen nicht, sie behindern. Man erreicht niemanden. Man wartet Monate auf Antwort. Vieles wird grundsätzlich und ohne Begründung abgelehnt. Niemand muss sich dafür rechtfertigen. Es reicht völlig, dass die Verantwortlichen nicht wollen oder keine Lust haben. »Wir sind für Sie da« wird in den Behörden gern behauptet, doch die Realität sieht anders aus. Mir als Ärztin blieb die Mentalität in den Amtsstuben bis zuletzt rätselhaft. Mediziner sind es gewohnt, tatsächlich für jemanden da zu sein, zusammen mit Patienten und in ihrem Sinne nach Lösungen zu suchen. Umso schwerer fiel es mir, mit der Verhinderungstaktik der Behörden umzugehen. Lösungen suchen die Angestellten nicht. Das Selbstverständnis dieser Halbgötter in Grau ist in vielerlei Hinsicht bitter. Besonders für private Häuslebauer beziehungsweise jene, die es dank Behördenwahnsinn nie werden.

Warum beim Bauen in Berlin alles immer so lange dauert? Um dahinterzukommen, muss man sich nur die scheinbar nötigen, dabei undurchsichtigen Prozesse hinter verschlossenen Türen vergegenwärtigen. Es hätte mich Jahre gekostet, untätig auszuharren, bis auf meine Anträge reagiert worden und jemand auf mich zugekommen wäre. So lief es überall, ich hielt das nicht aus. Nicht selten musste ich beinahe amüsiert an meinen Praxisalltag denken. Wenn Patienten meiner Sprechstundenhilfe beschieden: »Frau Doktor soll mich bitte zurückrufen!«, dann war es meist mehr Befehl als Bitte. Meldete ich mich abends zurück, waren die Anrufer ob dieser ungeheuren Wartezeit oft schon beleidigt. Rief ich gar erst am nächsten Tag an, wurden sie richtig stinkig. »Was Sie anbieten, ist eine Dienstleistung, Frau Doktor!«, warfen mir ungeduldige Patienten an den Kopf. War das beim öffentlichen Dienst nicht auch so? Sollte der nicht ebenfalls dienstbar sein? Hätte ich es vielleicht einmal auf diese Tour probieren sollen?

Nur wen hätte ich anmotzen können? Ich bekam gar niemanden an die Strippe, entwickelte ersatzweise aber eine immense Expertise für Warteschleifenmusik. Permanent lief ich irgend jemandem hinterher. Musste Leuten auf die Füße treten, Druck machen, Alternativen suchen. Dank meiner Erziehung kann ich das, welch ein Glück. Um in Berlin zu bauen, braucht es Selbstverantwortlichkeit. Wer keinen eisernen Willen und die nötige Portion Galgenhumor besitzt, sollte die Finger davon lassen. Ohne Eigeninitiative und Mut zu kreativen Alleingängen käme man schlicht nicht voran. Wer in dieser Stadt unterwürfig auf eine Genehmigung nach der anderen wartet, wird irgendwann wahnsinnig und gibt auf.

Der Ehrlichkeit zuliebe will ich an dieser Stelle erwähnen, dass es durchaus Firmen und Handwerker auf unserer

Baustelle gab, die es wegen ausgezeichneter Arbeit nicht in dieses Buch geschafft haben. Es war zwar nur eine Handvoll, dennoch ist ihnen zu verdanken, dass wir nicht vollends vom Glauben abgefallen sind. Neben dem Fertigbadhersteller und dem Betonwerk, aus dem unserer Wände kamen, waren das die Fußbodenleger, Gartengestalter, Fenstermonteure, Dachdecker und Fahrstuhlbauer. Und nicht zuletzt unser gebeuteltes Planungsbüro.

Parallel zu den hier geschilderten Vorkommnissen ereignete sich die Coronapandemie, die zusätzlich alles lahmlegte und die Welt in Atem hielt. Ich kann nicht genau sagen, wie sich unser Kampf mit der Bürokratie gestaltet hätte, wäre sie nicht über uns gekommen. Unser erster Termin im Bauausschuss lag noch vor den Lockdowns. Mit Covid multiplizierten sich dann die Probleme. Etliche der Hürden, die wir zu nehmen hatten, ließen sich gewiss nicht dem Coronavirus anlasten. Die hatte es auch vorher schon gegeben, die waren bereits etabliert. Andererseits: Schlimmer geht immer.

Bis heute weiß ich nicht, ob der Wärmeversorger die notwendigen Rohrverlegungsplanungen nur deswegen nicht hinbekam, weil Mitarbeiter durch Corona ausfielen. Im öffentlichen Dienst jedenfalls erschien kaum noch einer im Büro. Im Homeoffice drehten alle nur Däumchen. Daran, einen Bauplan zu öffnen, Dokumente zur Hand zu haben oder auf der heimischen Couch wenigsten die dienstlichen E-Mails zu beantworten, war offenbar überhaupt nicht zu denken. Entweder standen der Datenschutz, technische Probleme oder schlicht Faulheit im Weg. Die behördliche Arbeit jedenfalls lief nicht. Als ich im Straßenbauamt zufällig einmal jemanden am Telefon hatte, empfahl er mir: »Schreiben Sie bitte eine Mail. Aber nicht an meine namentliche, sondern an die allgemeine Serviceadresse. Ich könnte morgen Corona haben.« So hielt sich der Mann vor einer offenbar fest eingeplanten Infektion vorsorglich die Arbeit vom Leib.

Oft überlegte ich, wie es wäre, wenn wir in unserer Arztpraxis eine solche Einstellung gehabt hätten: »Kommt uns nicht zu nahe, wir machen keine Sprechstunden!« Was wäre aus meinen Patienten geworden? Anderthalb Jahre trugen wir von früh bis spät FFP2-Masken und testeten uns permanent. Homeoffice stand für uns selbstredend nicht zur Debatte. Stattdessen impfte ich an meinen freien Nachmittagen Hunderte Leute.

Bei uns in der Praxis fehlte niemand. Angestellte im öffentlichen Dienst dagegen blieben zu Hause, wo sie wegen »technischer Hürden« kaum etwas tun konnten – so die wortwörtliche Erklärung, die man uns gab. Im Endeffekt arbeiteten sämtliche Behörden bestenfalls halbtags. Dafür bekamen die Mitarbeiter nicht nur volles Gehalt, sondern obendrein Coronaprämien ausgezahlt. Als ich das hörte, ging mir das Messer in der Tasche auf. Für Krankenschwestern, die sich tagein, tagaus aufopferten, wurde ein paar Mal geklatscht. Die Faulenzer vom öffentlichen Dienst aber bekamen einen Bonus ausbezahlt. Für heldenhaftes Nichtstun.

Die Familie lässt grüßen

Was mein Mann, mein Sohn Robert und ich gemeinsam aufgebaut haben, ist ein Familienunternehmen. Hinter uns steht kein anonymer Konzern à la Helios, Sana oder DRK. Auch wenn ich auf dem Papier Alleineigentümerin bin, ist mir der Familienbezug wichtig. Diese Familie besteht nicht nur aus Hans-Werner und mir. Das verdeutlichen schon die Häusernamen: Den alten Kindergarten, »Haus Anna«, benannte ich nach meiner Oma und »Haus Irene«, der Neubau, trägt den Namen meiner Mutti. Seit Mai 2023 ist mein Sohn Robert Teil des Teams und mit ihm die nächste Generation im Boot. Er führte Gespräche mit Interessenten und schloss einen Mietvertrag nach dem anderen ab. Letztlich sorgte er dafür, dass unser Haus voll belegt ist. Inzwischen ist es hauptsächlich er, der sich um die Anliegen der Bewohner kümmert, sich über mangelhafte Handwerkerarbeiten ärgert, sich mit Behörden streitet. Seit der Fertigstellung des Hauses ist er täglich vor Ort und kümmert sich außerdem um unseren Internetauftritt. Noch erledige ich die Buchführung, aber irgendwann wird Robert die Leitung ganz übernehmen. Seine Töchter, meine beiden Enkelinnen, sind auch schon da: Sie verstecken sich auf einem riesigen Fassadenbild am »Haus Irene«.

Als der Rohbau stand, begann ich zu überlegen, was sich mit der Giebelwand anfangen ließe. Ich beschloss, Berliner Graffitisprayer zu engagieren, die dort ein großflächiges Fassadengemälde anbringen sollten. Ich wollte auf ein Landschaftsbild schauen, eine wohltuende Szenerie mit grünen Bäumen, einer Wiese, einem See und Tieren. Heute blickt jeder, der sich dem Haus von der Parkseite nähert, nicht auf eine kahle Betonwand, sondern in einen optisch verlängerten Park hinein. Vorbildlicher konnte ich den Grüncharakter der Umgebung, der mir so oft ans Herz gelegt worden war, nicht aufgreifen. Nicht zuletzt ließ ich die Graffitikünstler meine Eltern verewigen, die nun für alle Zeiten dort spazieren gehen. Auf immer schauen mein Vater und meine liebe Mutti aus dem Riesengemälde auf mich herunter. Zu ihren Füßen sitzt Igel Paul, Star aller Igel-Paul-Geschichten, die mein Vater seinen Enkelkindern immer erzählte.

Mein Vater war ein grandioser Geschichtenerzähler. Aber ich stand auch ewig unter seinem Leistungsdruck und litt darunter. Lange rang ich um seine Liebe und Anerkennung. Dennoch: Ohne ihn wäre ich wohl kaum Ärztin geworden. Mein Bruder erfüllte als junger Mann die Erwartungen unseres Vaters in keiner Weise. Baute er gerade einmal keinen Mist, verlief unser Familienleben dennoch harmonisch. Vor allem durch die sanfte Sorge meiner Mutti genoss ich ein liebevolles Zuhause. Vater war jedoch versessen darauf, dass wenigstens eines seiner Kinder studierte und möglichst einen Doktortitel holte. Dieser Part blieb an mir hängen und erhöhte den Druck auf mich. Einmal kam er abends nach Hause und las einen meiner Schulaufsätze. Es war die Interpretation eines großen Ehrenmals für im Zweiten Weltkrieg Gefallene. Mutti hatte ich ihn bereits vorgelesen. Ihr hatten Tränen in den Augen gestanden, so schlecht konnte der Aufsatz also nicht sein. Doch Vater zerriss ihn und diktierte mir umgehend einen neuen. Kam ich mit einer Drei nach Hause, blickte er mich mit seinen stahlblauen Augen dermaßen enttäuscht an, dass ich zu weinen anfing. Eine Drei war für ihn vollkommen inakzeptabel.

Von sich selbst forderte er ebenso hohe Leistungen. Oft sah ich ihn die ganze Woche nicht, weil er so viel arbeitete. Zwölf bis vierzehn Stunden täglich rackerte er sich ab. So war mein Vater. Viele Jahre war ich ihm deswegen böse. Neben seiner unwahrscheinlich hohen Erwartungshaltung habe ich ihn nie ein Lob aussprechen hören. Gefühle auszudrücken, hatte er in seiner Kindheit nie gelernt. Als Hans-Werner ihn eines Tages aufforderte: »Sag Anja doch mal, dass du stolz auf sie bist, auf das, was sie geschafft hat«, antwortet er nur: »Das weiß sie doch.« Heute weiß ich das, ja. Doch als Mädchen und junge Frau hätte ich es nur zu gern einmal von meinem Vater gehört. Erst spät machte ich meinen Frieden mit ihm, lange nach seinem Tod. Ich bin versöhnt und muss im Rückblick sagen, dass ich einen tollen Vater hatte. Es dauerte nur unheimlich lange, bis mir bewusst wurde, wie sehr er mich geprägt hat. Warum ich eine Getriebene bin, ein Workaholic.

Das Fassadengemälde kostete mich stattliche 30.000 Euro. Eine Menge Geld. Zu dritt, manchmal zu viert arbeiteten die Sprayer drei Wochen daran. Ich bereue die Ausgabe nicht. Die Fassade ist ein echter Gewinn und eine wundervolle Art, meine Eltern zu ehren und meine Dankbarkeit ihnen gegenüber zu zeigen. Ohne sie und den Leistungsdruck zu Hause wäre ich nicht, wer ich bin. Ich wäre weder Ärztin noch im gesetzten Alter Unternehmerin.

Die Mieter kommen

Der Bedarf für betreutes Wohnen ist groß. Ein Selbstläufer aber war die Belegung unseres neuen Hauses nicht. Ich schaltete Annoncen in Wochenzeitungen und warb im Internet. Wir ließen Flyer in der Umgebung verteilen. Robert und ich liefen zu Chefärzten in der Geriatrie und in der Diabetologie, besuchten Sozialstationen und Pflegestützpunkte, klapperte Rehakliniken ab.

Das Geld sitzt den Leuten in Lichtenberg nicht locker in der Tasche. Meist sind die Interessenten begeistert wegen unserer günstigen Mieten, zu denen die Kosten für die Hauskrankenpflege und die Mahlzeiten noch dazukommen. Was die Pflegekasse übernimmt, ist individuell verschieden. Die Hauskrankenpflege berät hinsichtlich der Betreuungskosten und ist für die Bewohner je nach Bedarf rund um die Uhr verfügbar. Rechtlich ist sie ein externes Unternehmen und komplett von mir getrennt. Ich darf nur als Vermieterin fungieren, ansonsten wären wir ein Pflegeheim.

Wer regelmäßig Pflegeleistungen in Anspruch nimmt und sich die Mahlzeiten zubereiten und im Speisesaal servieren lässt, liegt 500 bis 1000 Euro über dem monatlichen Satz der Pflegekasse. Wer selbst kocht oder nur bestimmte Mahlzeiten dazubucht, zahlt entsprechend weniger. Viele Bewohner kommen nicht zum Frühstück, weil sie ausschlafen und allein im Zimmer frühstücken möchten. Unsere Wohnungen sind nicht nur für Otto Normalverbraucher relativ günstig, auch Sozialhilfeempfänger können bei uns einziehen. Die Warmmiete für eine Wohnung orientiert sich an dem Satz, den das Sozialamt zu bewilligen bereit ist. Darin enthalten sind sowohl die Heizkosten als auch der allgemein genutzte

Strom. Allein im Wäscheraum laufen vier Waschmaschinen und vier Trockner rund um die Uhr. Es war mir wichtig, all das inklusive anzubieten, um Sozialhilfeempfänger nicht von vornherein auszuschließen. Dass ich die Wohnungen zum offiziellen Sozialhilfesatz vermieten kann, hat zwei wesentliche Voraussetzungen: Einerseits die Förderung durch die KfW, andererseits die Tatsache, dass Grund und Boden bereits mir gehörte. Hätte ich den Baugrund erst kaufen und auf die Förderung verzichten müssen, wären ein paar Extramillionen fällig gewesen. Damit hätte ich die langfristige (Re-)Finanzierung ganz anders gestalten und die Mieten deutlich höher veranschlagen müssen.

Bekanntlich sind sozialverträgliche und bezahlbare Wohnangebote in Berlin Mangelware. Doch obwohl ich ein solches Angebot schuf, hielt sich das Sozialamt zurück. Ob es Desinteresse oder schlicht Dummheit war, fand ich nie abschließend heraus. Also bot ich eigenständig Sozialwohnungen an. Sicher wäre es sinnvoll gewesen, sich mit jemandem vom Sozialamt an einen Tisch zu setzen und die Modalitäten für Fälle zu besprechen, in denen jemand vom Amt finanziert bei uns einziehen würde. Ich bekam sogar Post, in der ich aufgefordert wurde, bei der Lösung von Problemen mitzuhelfen, ich sei von Rechts wegen gar dazu verpflichtet, hieß es. Leider hörte ich Wochen über Wochen rein gar nichts vom Sozialamt.

Viele Fragen brannten mir auf den Nägeln. Wieso genehmigte die eine Sachbearbeiterin ihrem Klienten Möbelgeld für den Einzug bei uns, die andere nicht? Was passierte in Fällen, in denen Mieter, die von Sozialhilfe lebten, keine Mietkaution berappen konnten? Wer hatte was beantragt und wann würde ich eventuell mit Zahlungen rechnen können? Ich erfuhr nichts. Gar nichts. Auf meine E-Mails antwortete niemand. Obendrein sah ich in dem Gewirr der verschiedenen Zuständigkeiten und Abteilungen nicht durch. Niemand war für mein Haus zuständig, jeder nur für die ihm laut Alphabet zugeordneten Klienten. Es war schlicht unmöglich, sinnvoll mit dem Amt zu kommunizieren. In einem der Fälle wartete ich monatelang auf die Mietkaution. Mir riss schließlich der Geduldsfaden und ich rief den Chef des Sozialamts an – inzwischen rufe ich immer gleich die Chefs direkt an. Und siehe da: Einen Tag später bekam ich Nachricht, das Geld sei angewiesen. Wunderbar, dachte ich, und schrieb sogleich zurück, ob wir nicht für die Zukunft ein allseits genehmes Prozedere vereinbaren könnten? Doch die Dialogressourcen meines Gegenübers waren offensichtlich bereits erschöpft. Keine Antwort. Doch ich ließ nicht locker. 2024 bekam ich schließlich einen Termin und durfte all meine Fragen bezüglich Bearbeitungsstandards und möglichen Vorarbeiten unsererseits loswerden. Vier Wochen später bekam ich Post. Der Ton war klar und deutlich: Das Sozialamt habe einen Vertrag mit den Bürgern, nicht etwa mit uns. Wir hätten mit all dem nichts zu tun. Nachfragen seien unerwünscht.

Etwa 15 Prozent unserer Mieter beziehen Sozialhilfe. Im Grunde müsste ich Neumietern, die übers Sozialamt kommen, den Einzug verweigern, bis sämtliche Einzelheiten geklärt sind. Das ist jedoch absolut lebensfremd. So streng wollen und können wir nicht sein. Ich bin froh, dass sich inzwischen Robert um die Absprachen mit dem Sozialamt kümmert. Ihn bringt so schnell nichts aus der Ruhe.

Der Kampf geht weiter

Ich bin Jahrgang 1961 und absolvierte eine Ausbildung zur Krankenschwester. Mein Notendurchschnitt nach der achten Klasse betrug 1,1. Einen Abiturplatz in einer Erweiterten Oberschule – in der DDR gab es üblicherweise zwei pro Klasse – bekam ich trotzdem nicht. Es wurde ein junger Mann bevorzugt, der sich als Berufsoffizier verpflichtet hatte. So war das in der DDR, selbst für Kinder privilegierter Familien wie der meinen. Der angebliche Offizier studierte später übrigens Journalistik.

Ich schloss die Krankenschwesterausbildung nach zweieinhalb Jahren ab. Vorzeitig. Das gestand man mir zu, weil ich einerseits nicht die Dümmste war und andererseits ein Professor im Krankenhaus Berlin-Friedrichshain dringend Personal für seine Dialysestation suchte. Unter ihm begann mein Arbeitsleben. Der Professor war eine internationale Koryphäe. Er hatte die ersten Nierentransplantationszentren der DDR gegründet. Mein Verhältnis zu ihm war freundschaftlich, das wollte etwas heißen im Jahr 1981. Damals war die Medizinbranche noch starr hierarchisch. Zudem mischte der er prominent in der Politik mit. Ich erinnere mich gut an die Aufregung kurz vor seinen wöchentlichen Chefarztvisiten. Spätestens eine Stunde vorher begannen wir, herumliegende Sachen in den Spinden zu verstauen, die Schuhe der Patienten in Reih und Glied zu ordnen und unsere Kittel auf blütenweiße Sauberkeit hin zu überprüfen. Doch der Chefarzt war ungemein gerecht und nahm sich immer Zeit, meine Fragen zu beantworten. Meine Achtung und mein Respekt für ihn waren grenzenlos.

Er war nicht nur mein Chef, sondern wurde viel später sogar mein Patient. Er kam zusammen mit seiner Frau, ebenfalls Professorin, in meine Praxis. »Muss ich immer noch Angst vor Ihnen haben?«, fragte ich ihn gleich zu Beginn und er antwortete verschmitzt: »Nun ist es umgekehrt.« Wir duzten uns bald und sprachen häufig über persönliche Angelegenheiten. Es machte ihn stolz, dass eine seiner Krankenschwestern inzwischen ihre eigene Praxis führte. Irgendwann fragte ich ihn sogar, ob er denn eigentlich gewusst habe, dass wir vor seinen Visiten regelmäßig sämtlichen Unrat in die Wandschränke verfrachtet hatten. »Genau deswegen habe ich nie eine Schranktür geöffnet«, war seine Antwort.

1982 bekam ich die Hufeland-Medaille in Bronze verliehen, eine Anerkennung für gute Leistungen im DDR-Gesundheitswesen. Als einzige Berlinerin hielt ich anlässlich der Verleihung eine Dankesrede im Ostberliner Magistrat. Der Anlass machte den DDR-Gesundheitsminister Ludwig Mecklinger auf mich aufmerksam. »Mensch, wollen Sie nicht weitermachen?«, fragte er mich, »wollen Sie nicht studieren?« – »Gern«, antwortete ich, »das hatte ich ursprünglich sowieso vor.«

In Potsdam gab es eine spezielle Fachhochschule, in der jährlich rund 40 Kranken- und Zahnarztschwestern ein medizinbezogenes Abitur nachholen konnten. Dort fing ich an. Unser Intensivlehrgang dauerte zwölf Monate. Wir mussten ins Internat, anders hätte man das komprimierte Pensum in der kurzen Zeit kaum bewältigt. Es war zermürbend.

Die Absolventinnen kamen aus der gesamten Republik. Für die meisten war es wegen langer Wege zwecklos, am Wochenende nach Hause zu fahren. Bei mir war das anders. Meine Eltern hatten seit 1964 ein vergleichsweise gut erreichbares Wochenendgrundstück bei Königs Wusterhausen gepachtet. Es war 2500 Quadratmeter groß, umgeben von Natur und Wäldern. Hierhin fuhr ich jeden Freitagabend nach meinem Lehrgang. Das kleine Häuschen erweiterten wir über die Jahre, ständig wurde daran herumgewerkelt. Wir bauten Stachel- und Erdbeeren an und ernteten jede Menge Obst und Gemüse, das entsaftet und eingekocht wurde. Wir gingen in die Pilze und feierten regelmäßig Grillpartys mit Freunden. Wir verlebten wunderbare Tage auf dem Grundstück. Natürlich genoss ich diese Auszeiten. Insofern gehörte ich zu den privilegierten Schülerinnen und deshalb nie ganz zur Gemeinschaft, die sich im Internat bildete. Ich galt als verwöhnte Göre, weil ich übers Wochenende zu meinen Eltern fahren konnte. Im Internat war ich das fünfte Rad am Wagen.

Es war ein weiterer Weg nach Potsdam als heute. Wegen der Berliner Mauer musste man Westberlin umfahren. Oft saß ich am Sonntagabend im elterlichen Garten und heulte. Ich wolle nicht ins Internat zurück. Regelmäßig probte ich den Aufstand und weigerte mich zurückzufahren. Mein Vater überredete mich: »Steig ein, ich fahr dich!« Und schon chauffierte er mich höchstpersönlich nach Potsdam. Ohne ihn hätte ich die Ausbildung abgebrochen.

Deutsch und Geschichte standen während dieses Jahres nicht auf dem Lehrplan, dafür umso mehr Biologie und Biochemie. Mit Würmern und Parasiten kannte ich mich am Ende bestens aus. Das war der Vorlauf fürs Studium. Darüber hinaus bekamen wir die üblichen Lektionen in Marxismus-Leninismus. Wer den einjährigen Gewaltritt überstand, war zum Medizinstudium zugelassen. Während des Studiums wurde ich schwanger und bekam meinen Sohn. Wie in der DDR üblich, wollte ich Robert in die Krippe bringen. Es stellte sich jedoch heraus, dass er schwer asthmakrank und damit krippenunfähig war. Die Krankheit wuchs sich später Gott sei Dank aus. Doch zunächst karrte ich Robert jeden Tag zum Berliner Alexanderplatz, wo meine Mutter ihn übernahm und tagsüber betreute. Abends dasselbe retour. Auf diese Weise zog ich mein Studium durch. Die anschließende Facharztausbildung musste ich als alleinerziehende Mutter bewältigen, denn meine Ehe mit Roberts Vater überstand das berüchtigte verflixte siebte Jahr nicht. Wir trennten uns im Guten.

1989, just als die Wende kam, war ich fertig. Plötzlich war es nicht mehr selbstverständlich, nach dem Studium eine Facharztstelle zu bekommen. Ich hatte dennoch Glück und kam für eine internistische Facharztausbildung erneut im Krankenhaus Friedrichshain unter. Neben Arbeit und Kind promovierte ich. Es rentierte sich, dass ich zu Höchstleistungen erzogen worden war. Mein Vater war immer noch scharf darauf, jemanden mit Doktortitel in der Familie zu haben. 1997 stand ich endlich als voll ausgebildete und promovierte Ärztin da und bekam dennoch keine Stelle. Robert war inzwischen elf Jahre alt, aber niemand wollte eine alleinerziehende Mutter einstellen. Keine Klinik nahm mich. Wie gern wäre ich nach den Anstrengungen meiner Ausbildung einmal nicht auf mich allein gestellt gewesen. Hätte Teil eines großen Ganzen sein, mich in den Kosmos einer Klinik einfügen wollen. Es sollte nicht sein.

Daran gewöhnt, sich nicht mit Rückschlägen abzufinden, setzte sich in solchen Situationen zuverlässig meine Kämpfernatur durch. Niemand wollte mich einstellen. Dann musste ich eben selbst eine Praxis eröffnen. Ich sprang ins kalte Wasser. Blindlings. Innerhalb von vier Wochen übernahm ich die Praxis einer Kollegin, die krankheitsbedingt aufhörte. Die ersten Gespräche führten wir im Oktober, bereits im November 1997 übernahm ich die Vertretung in ihrer Lichtenberger Praxis. Der Anfang war gemacht. Es stand jedoch fest, dass ich in den bestehenden Räumlichkeiten nicht würde bleiben können. Anfang 1998 zog die Praxis ins Lichtenberger Mauritiuskirch-Center um. Die Umzugskosten hingen mir in Form eines ansehnlichen Kredits am Bein. Immerhin hatte ich ihn überhaupt bekommen, als alleinerziehende Mutter ohne jegliches Eigenkapital. Heute wäre das undenkbar. Aus den Schulden ackerte ich mich allmählich heraus. 18 Jahre lang führte ich erfolgreich meine Praxis in Berlin-Lichtenberg.

In den Schoß fiel mir nichts. Mir ist nie etwas geschenkt worden. Das sollte sich nicht ändern, als ich Bauherrin wurde. Jammern wollte ich nie. Im Grunde war alles gut so. Ich hoffe nur, dass ich nun langsam zur Ruhe kommen kann. Das ist meine Sehnsucht, auch wenn es mir oft schwerfällt. Mußestunden halte ich kaum aus, weiß dann nichts mit mir anzufangen. Ich lese gern, keine Frage. Sobald ich einmal nichts zu tun habe, sitze ich da und überlege, was ich machen könnte. Wenn ich in unserem Garten in Flensburg die Sonne genieße, regt sich nach spätestens zehn Minuten mein schlechtes Gewissen. Es stört mich selbst, dass ich nicht einfach nichts tun kann. Das muss ich lernen. Doch ich habe ein bisschen Angst davor. Mein Mann ist zwölf Jahre älter als ich. Wir wollen möglichst noch viele Jahre zusammen genießen, ohne Vollzeitjobs und Arbeitsstress.

Ich fürchte, ausgerechnet das Nichtstun wird der schwerste Teil meines Lebens.

Bibliografische Information der Deutschen Nationalbibliothek
Die Deutsche Nationalbibliothek verzeichnet diese Publikation in der Deutschen Nationalbibliografie; detaillierte bibliografische Daten sind im Internet über http://dnb.d-nb.de abrufbar.

Bei Fragen zur Produktsicherheit wenden Sie sich bitte an herstellung@bebraverlag.de

Asternplatz 3, 12203 Berlin
post@bebraverlag.de
Lektorat: Franziska Hoch, Rohnstock Biografien
Umschlag: typegerecht Berlin
Satz: Zerosoft
ISBN 978-3-8148-0330-2

FSC www.fsc.org MIX Papier | Fördert gute Waldnutzung FSC® C014138

www.bebraverlag.de